Supervereinigung

Der Naturwissenschaftler Dipl.-Math. Klaus-Dieter Sedlacek, Jahrgang 1948, studierte in Stuttgart neben Mathematik und Informatik auch Physik. Nach fünfundzwanzig Jahren Berufspraxis in der eigenen Firma widmet er sich nun seinen privaten Forschungsvorhaben und veröffentlicht die Ergebnisse in allgemein verständlicher Form. Darüber hinaus ist er der Herausgeber mehrerer Buchreihen unter anderem der Reihen „Wissenschaftliche Bibliothek" und „Wissenschaft gemeinverständlich".

Webseite: www.klaus-sedlacek.de

Klaus-Dieter Sedlacek

Supervereinigung

Wie aus nichts alles entsteht.
Ansatz einer großen einheitlichen Feldtheorie.

- Neuausgabe -

Wissenschaftliche Bibliothek Bd. 2

Bibliographische Information Der Deutschen Bibliothek:
Die Deutsche Bibliothek verzeichnet diese Publikation in der
Deutschen Nationalbibliographie; detaillierte
bibliographische Daten sind im Internet über
http://dnb.ddb.de
abrufbar.

Neuausgabe

Herstellung und Verlag:
BoD - Books on Demand, Norderstedt
ISBN 978-3-7431-4959-5

Inhaltsverzeichnis

0 Vorwort

Unter Physikern herrscht allgemein Übereinstimmung darin, dass die fundamentale Wirklichkeit unserer Welt aus Feldern besteht. Diese stellen die letzte Erklärungsebene der Physik dar, die Teilchen sind deren Manifestation. Bei den Schwingungen der Felder handelt es sich um Schwingungen abstrakter Feldgrößen, denn Felder werden ausschließlich durch ein System von Zahlen beschrieben, *„die wir so festlegen, dass das, was an einem Punkt geschieht, nur von den Zahlen an diesem Punkt abhängt"* *(Feynman).*

Niemand kann jedoch erklären, wie es möglich ist, dass Schwingungen abstrakter Feldgrößen Energie transportieren. Und niemand kann erklären, wie aus abstrakten Feldgrößen messbare Teilchen werden. Weshalb wohl nicht? Wo liegt das Problem?

Mir drängte sich schon lange der Verdacht auf, dass es eine rational unzulässige Vermischung der abstrakten, geistigen Ebene mit der physikalischen gibt. Zwar können die Feldtheorien erfolgreich Messergebnisse voraussagen, aber physikalische Erklärungen müssen unter solchen Voraussetzungen zwangsläufig scheitern. Meiner Meinung nach würde es an Zauberei grenzen, wenn etwas Abstraktes, nämlich die Feldgrößen, etwas Reales, nämlich messbare Teilchen im Augenblick der Messung hervorbringen könnten. Die Verhältnisse sind vergleichbar mit der Erklärung, wie die Zahl 70 ein Auto beschleunigt. Zahlen können keine Autos beschleunigen, genauso wenig wie Zahlen Energien transportieren oder Teilchen hervorbringen können. Weil man die Vermischung zweier Ebenen zugelassen hat, ist die

Feldtheorie mit abstrakten Feldgrößen zwar die letzte Erklärungsebene, aber es ist keine physikalische Erklärungsebene, es ist eine rational unzulässige, übernatürliche.

Genau an dieser Stelle hätte die Arbeit der Physiker weitergehen müssen, um als letzte Erklärungsebene eine rationale, physikalische zu finden. Mir zumindest hat das bisher Unerklärliche keine Ruhe gelassen. Und ich denke, dass ich nun einen Ansatz gefunden habe, der rational nachvollziehbar ist. Er zeichnet das Bild einer Supervereinigung, die alle Wechselwirkungen als Manifestationen eines gemeinsamen Ursprungs verstehen lässt.

Zu dieser Arbeit hat mich die positive Resonanz ermutigt, die ich auf meine Veröffentlichung *„Äquivalenz von Information und Energie"* [1] erhielt. Da es sich wieder um physikalisches Neuland handelt, birgt der Inhalt für den Leser zahlreiche Überraschungen. Ich bin gespannt, ob die Reaktionen darauf ebenso ermutigend sein werden.

Spanien im Sommer 2010

Klaus-Dieter Sedlacek

---

1 Sedlacek (2009)

1 Vorwort zur Neubearbeitung

Seit der ersten Auflage sind nun sieben Jahre vergangen. In der Zwischenzeit sind Theorien aufgetaucht, die ausschließlich „abstrakte Information" als alleinige Grundlage für die Entstehung von allem propagieren. Das ist meiner Ansicht nach ein gewaltiger Irrweg. Ich bin zwar selbst der Ansicht, dass Information der Grundbaustein der Welt ist, aber es gibt verschiedene Informationsarten, die einen sind energiehaltig, die anderen nicht. Die Welt kann aber meiner Ansicht nach nur aus energiehaltiger Information entstanden sein. Des Weiteren kann Information auch nicht die alleinige Zutat für die Entstehung unseres Universums sein.

So sah ich mich nun gezwungen, dieses recht erfolgreiche Buch um drei weitere Kapitel zu erweitern. Diese drei Kapitel habe ich gleich an den Anfang der Neubearbeitung gestellt, weil dort grundlegende Dinge besprochen werden, nämlich die letzten Prinzipien, auf denen die Erkenntnis der Welt beruht. Werden diese Prinzipien nicht beachtet, so entstehen Hypothesen, deren Zutreffen man weder verifizieren noch falsifizieren kann, ganz einfach weil es sich nicht um naturwissenschaftliche Hypothesen handelt, sondern um Fantasievorstellungen der abstrakten Ebene.

Ich hoffe, mir sind solche grundlegenden Fehler nicht unterlaufen und denke, dass durch die zusätzlichen Kapitel dieses Buch nur gewonnen hat.

Stuttgart, im Frühjahr 2017

Klaus-Dieter Sedlacek

2 Die letzten Prinzipien und die darauf beruhende Erkenntnis der Welt

Jeder Erkenntnisprozess über das Wesen der Realität setzt voraus, dass wir in den verschiedenen Naturvorgängen oder -dingen Gleichheiten finden. Gleichheiten finden wir aber nur, wenn wir in unserem Denkvorgängen schon etwas haben, was ich ganz einfach als Erklärungsprinzip bezeichnen möchte.

> *„Zu unserer Erkenntnis bedarf es … der Kenntnis einer allgemeineren (höheren, oberen, umfassenderen Klasse, die als „Erklärungsprinzip" dient. Es folgt hieraus, dass es in jedem Stadium der Erkenntnis, so weit sie auch vordringen mag, stets letzte Prinzipien gibt, die selbst nicht mehr erklärt werden können, sondern aller Erkenntnis zugrunde liegen. Je geringer … die Zahl der letzten Prinzipien, desto vollkommener die Erkenntnis.*[2]

Die geringstmögliche Zahl letzter Prinzipien, die unserer Erkenntnis zugrunde liegen, ist drei. Diese drei sind …

1. die Substanz,

2. die Vorgänge und

3. die Eigenschaften.

Keines dieser letzten Prinzipien kann durch eines der beiden anderen ersetzt werden. Eine Substanz ist etwas, was aus sich selbst heraus existiert.[3] Substanz ist der Träger von

---

2   Schlick, *Naturphilosophie*; Norderstedt (2015), S. 11, vorletzter Absatz.

3   **Substanz:** … die beharrliche Grundlage, der selbstständige, beharrliche Träger der unselbstständigen, wechselnden Eigenschaften … (Sedlacek: *Kleines Wörterbuch der Natur-Philosophie*; Norderstedt (2016),

Eigenschaften. Im Gegensatz dazu sind Eigenschaften keine Träger und auch nicht beharrlich. Sie benötigen vielmehr einen Träger zu ihrer Existenz. Beispielsweise kann die Eigenschaft „rot" genauso wenig selbstständig existieren wie „schwer" oder „nass". Sie benötigen als Träger z. B. einen Ziegel oder Wasser. Deshalb kann die Substanz nicht durch eine Eigenschaft ersetzt werden.

Substanz kann auch nicht durch einen Vorgang ersetzt werden. Denn Substanz ist ein selbstständiger Träger. Vorgänge sind unselbstständig, sie kommen nicht allein ohne eine beteiligte Substanz vor, denn sie bewirken Veränderungen an einer Substanz.

Mehr als drei letzte Prinzipien sind aber auch nicht nötig, denn alles, was wir erkennen, kann diesen drei Prinzipien zugeordnet werden. Es gibt außerdem keine sonstige Erkenntnis, die wir keiner der drei letzten Prinzipien zuordnen könnten. Jede Erkenntnis wird beschrieben durch eine Substanz mit bestimmten Eigenschaften, an der ein bestimmter Vorgang Veränderungen bewirkt oder auch nicht bewirkt.

Ein typisches Beispiel ist der Vorgang der Bewegung eines Körpers. So ein Vorgang wird durch die Veränderung des Ortes oder der Lage beschrieben. Das Bewegte bleibt identisch, sein Wesen ändert sich nicht. Form, Farbe Härte usw. eines bewegten Steines bleiben nach dem Zeugnis unser Sinne von der Änderung seiner Lage und Geschwindigkeit unberührt.

Alle drei letzten Prinzipien sind an der Erkenntnis des

S. 117

Vorgangs beteiligt. Der Stein ist die Substanz, die durch Eigenschaften der Form, Farbe, der Lage und des Ortes beschrieben wird. Der Vorgang der Bewegung ist ein Teil der Erkenntnis. Selbst wenn der Stein weder Ort noch Lage verändern würde, existierte im Zusammenhang mit der Erkenntnis immer ein Vorgang, denn selbst das unverändert an Ort und Stelle Bleiben gehört in die Kategorie „Vorgang". Es ist der Vorgang der Ruhe im Gegensatz zum Vorgang der Bewegung.

Neben elementaren Eigenschaften gibt es auch solche, die wir als emergente Eigenschaften[4] bezeichnen. Die Eigenschaft „flüssig" kann sich nur aus dem Zusammenspiel vieler Elemente (Moleküle) herausbilden.

Warum ich diese an sich so trivialen Dinge erwähne, ist der, dass wir Menschen bei der Einordnung in die drei letzten Prinzipien häufig gravierende Fehler begehen. So werden Eigenschaften als Substanz ausgegeben oder wichtige Vorgänge ignoriert. Selbst wissenschaftliche Werke sind von solchen Fehlern nicht frei.

Dass solche gravierenden Dinge vorkommen, erscheint im Augenblick unglaublich, doch meine folgenden Ausführungen werden die Aussage bestätigen. Bevor ich aber den Nachweis führe, ist es sinnvoll für die drei letzten Prinzipien weitere gleichwertige Begriffe einzuführen, welche die erwähnten Fehler unter bestimmten Umständen besser herauszukristallisieren helfen. Diese drei gleichwertigen Begriffe sind:

---

4   **Emergenz** ist die Herausbildung neuer Eigenschaften oder Strukturen eines Systems infolge des Zusammenspiels seiner Elemente.

1. Konkretum (Substanz),

2. Prozess (Vorgang) und

3. Abstraktum (Eigenschaft).

Die neuen Begriffe sind allgemeiner, umfassender oder universeller. Etwas Konkretes bezeichnet etwas Einzelnes, Wirkliches. Substanz ist etwas Einzelnes, Wirkliches, Konkretes. Somit ist der Begriff Konkretum der umfassendere Begriff.

Ein Prozess ist definiert als die Gesamtheit von aufeinander einwirkenden Vorgängen. Damit ist ein Prozess also das, was dem zweiten der oben aufgeführten Prinzipien entspricht.[5]

Abstraktum ist ein Nichtgegenständliches[6]. Eigenschaft ist auch ein Nichtgegenständliches. Es ist somit gezeigt, dass die Begriffe Konkretum, Prozess und Abstraktum ebenfalls dazu dienen können, die drei letzten Prinzipien der Welterklärung zu bezeichnen.

---

5   Definition von **Prozess** laut DIN IEC 60050-351: Gesamtheit von aufeinander einwirkenden Vorgängen in einem System, durch die Materie, Energie oder Information umgeformt, transportiert oder gespeichert wird.

6   Siehe https://de.wikipedia.org/wiki/Abstraktum

3 Der Weg zur Welterkenntnis

Ein Weg, die Welt zu erkennen und zu erklären, insbesondere Dinge wie Information, Bewusstsein, Sinn, Bedeutung, Krankheit oder die Phänomene der Quantenphysik, basiert auf einer strikten Trennung der abstrakten geistigen von der physikalischen Welt, da jede Vermischung beider Welten zu Ergebnissen führt, die weder real sind noch zur Naturwissenschaft gehören, sondern ausschließlich in der abstrakten geistigen Welt angesiedelt sind, also Abstrakta sind.

Beispielsweise sind mathematische Formeln, exakte geometrische Formen, Gottheiten oder „unmögliche Dinge" wie eckige Kreise und Eier legende Wollmilchsäue Abstrakta. Ein Großteil der Objekte der Philosophie sind es auch. In der geistigen Welt der Abstrakta existiert alles, was man nur denken kann, aber nicht im physikalischen Sinn.

Zum Bereich der realen physikalischen Welt gehört alles, was sich prinzipiell messen oder beobachten lässt, d. h. Wechselwirkungen mit anderen Objekten eingeht. Das Kriterium „Wechselwirkungen" hilft uns zu unterscheiden, was in die eine, was in die andere Welt gehört. Beispielsweise können Eier legende Wollmilchsäue in der freien Natur nicht fotografiert werden, d. h., sie können keine Photonen aussenden, die zu Wechselwirkungen mit dem Foto-Chip führen. Würde jemand mit einem Fotoapparat losziehen, um Bilder von der Wollmilchsau-Spezies zu schießen, würde man ihn zu Recht für dumm oder verrückt erklären, weil er die Realität nicht von der geistigen Welt zu unterscheiden vermag. In der realen physikalischen Welt existieren nur die Konkreta zusammen mit Prozessen.

3.1 Abstrakte und reale Welt in der Quantenphysik

Die Vermischung von realer und geistiger Welt findet man nicht nur im geisteswissenschaftlichen oder theologischen Bereich, sondern genauso bei jenen Quantenphysikern, die Schrödingers Wellenfunktion als eine Beschreibung der Wirklichkeit ansehen. Schrödingers Wellenfunktion ist eine mathematische Formel zur Beschreibung des Zustands von Quanten[7] vor ihrer Messung.

Wenn man das Quadrat der Wellenfunktion bildet, dann bekommt man als Ergebnis die Aufenthaltswahrscheinlichkeit (nicht den exakten Ort, sondern nur eine Wahrscheinlichkeit!) der Elementarteilchen, für welche die Wellenfunktion aufgestellt wurde.

Obwohl man als Ergebnis nur Wahrscheinlichkeiten bekommt, hat sich die Wellenfunktion als außerordentlich nützlich erwiesen, indem man etwas berechnen konnte, was für die Entwicklung von Handys, Computern, Lasern usw. wichtig war und immer noch ist. Ohne die Wellenfunktion würde die Welt völlig anders aussehen, weil es alle modernen elektronischen Errungenschaften nicht gäbe.

Die Phänomene der Quantenphysik bzw. Quantenmechanik müssen gedeutet werden, weil sie nicht unmittelbar einsichtig sind. Zur sogenannten Kopenhagener Deutung der Quantenmechanik gehört das berühmte Gedankenexperiment Schrödingers Katze[8]. Danach wird eine Katze in eine

---

7 **Quanten** sind winzige Energiepakete, die sich abhängig von der Art ihrer Messung entweder als Wellen oder als Teilchen zeigen.

8 Aus dem quantenphysikalischen Gedankenexperiment **Schrödingers Katze** wurde absurderweise gefolgert, dass die in einer Kiste eingeschlossene Katze vor dem Öffnen des Deckels gleichzeitig tot und lebendig sein müsste.

verschlossene Kiste zusammen mit einem Mordinstrument gesperrt. Dieses wird durch den zufälligen Zerfall einer radioaktiven Substanz gesteuert. Wenn der Versuchsleiter nach einer Stunde in der Kiste nachsieht, gibt es eine 50%-ige Wahrscheinlichkeit, dass die Katze noch lebt.

Die Theorie der Quantenmechanik sagt, dass die Katze innerhalb der Stunde, bevor der Versuchsleiter nachsieht, gleichzeitig tot und lebendig ist, und zwar als sogenannte Überlagerung zweier möglicher Zustände.

Wäre die Wellenfunktion eine Beschreibung der Wirklichkeit, also ein Konkretum oder ein Prozess, dann wäre Schrödingers Katze, die in einem Gedankenexperiment zusammen mit einem Mordinstrument in eine Kiste eingesperrt ist, vor dem Öffnen der Kiste sogar in der Realität gleichzeitig tot und lebendig.

Schrödingers Katze ist ein gutes Beispiel für die Vermischung der abstrakten Welt mit der realen physikalischen. Die Wellenfunktion gehört als mathematische Formel zur abstrakten geistigen Welt, sie ist ein Abstraktum. Die Katze in der Kiste gehört zur realen physikalischen. Da die Wellenfunktion nur ein Abstraktum ist, ist sie auch keine Entität der Realität. Man muss also davon ausgehen, dass sich die Katze in der Realität keineswegs im Überlagerungszustand von tot und lebendig befindet. Man muss sich ferner im Klaren darüber sein, dass die Ergebnisse von Theorien, die beide Welten miteinander vermischen, nicht zur realen Welt gehören. Sie sind weder Prozesse der Realität noch zur Realität gehörende Konkreta.

Die gleichzeitig tote und lebendige Katze von Schrödingers Gedankenexperiment gehört nicht der realen Welt an, sie ist kein Konkretum.

3.2 Wie abstrakte und reale Welt miteinander verbunden sind

Zwischen der abstrakten und der physikalischen Welt gibt es eine Verbindung: Das sind die Prozesse.

Beispielsweise sind Computerprogramme Prozesse. Der Programmcode gehört zur abstrakten geistigen Welt, ist also ein Abstraktum. Die Ausführung des Programmcodes gehört zur physikalischen Welt, weil jede Durchführung eines Programmschritts eine Wechselwirkung darstellt. Die Ausführung ist also ein Prozess.

Es mag völlig richtig sein, dass reine Zahlenwerte ohne physikalischen Kontext nicht zur naturwissenschaftlichen Welt gehören, doch wenn Zahlen als Zielwerte in Prozesse (= Computerprogramme mit der zugehörigen Ausführung) eingebaut werden, dann verbinden sie die abstrakte Welt mit der physikalischen. Das Gleiche gilt für 'Denken'. Denken formt Information um oder speichert sie. Denken kann deshalb als ein Prozess angesehen werden und der Denkprozess verbindet die abstrakte mit der realen Welt, indem etwas ausgeführt wird. Abstrakte Information wird umgeformt und physikalisch gespeichert.

Was ist aber Bewusstsein? Allgemein wird Bewusstsein als eine Entität angesehen, die je nachdem, aus welcher Fakultät der Wissenschaftler stammt, entweder einer nicht fassbaren, d. h. abstrakten, oder einer realen materialistischen, d. h. der physikalischen Welt zugeordnet wird. Theologen und Geisteswissenschaftler neigen eher dazu, Bewusstsein als eine Entität der geistigen Ebene anzusehen. Meine Überzeugung lautet: Bewusstsein ist ein Prozess (wie ich unter anderem in meinem Büchlein mit dem Titel „*Synthetisches Bewusstsein*") beschrieben habe. Damit verbindet Bewusstsein beide Welten, die abstrakte geistige und die real-physikalische.

3.3 Der Dualismus der Elementarteilchen

Alle Objekte der Quantenphysik erscheinen uns nach einer Messung so, als hätten sie Wellencharakter oder Teilchencharakter. Welcher Charakter zutage tritt, hängt nur von der Art der Messung ab. Deswegen spricht der Physiker von Welle-Teilchen-Dualität. Niemand weiß, welchen Charakter die Objekte der Quantenphysik tatsächlich haben, nur eines ist sicher, der Wellencharakter widerspricht dem Teilchencharakter und umgekehrt. Aber selbst wenn der Teilchencharakter im Vordergrund steht, bleibt der Wellencharakter trotzdem voll erhalten.

Im Prinzip sind alle Objekte unserer Welt auch Objekte der Quantenphysik und haben Quanteneigenschaften. Beispielsweise hat ein Auto oder ein Fernseher oder ein Fußball Quanteneigenschaften. Das bedeutet, ein Auto, ein Fernseher oder ein Fußball haben Wellencharakter! Man kann die Amplituden der Wellen ausrechnen. Das Problem ist nur: Die Amplituden der Wellen sind so winzig (je größer das Objekt, desto kleiner die Welle), dass es mit heutigen Messmethoden nicht möglich ist, sie in einem Doppelspaltxperiment[9] festzustellen (ganz abgesehen

---

9 Beim **Doppelspaltexperiment** lässt man Licht oder Teilchen durch zwei schmale Spalte einer Schlitzblende treten. Auf einem Beobachtungsschirm dahinter zeigt sich ein Wellenmuster (Interferenzmuster). Wenn es darum geht, den Weg des Lichts oder des Teilchens zu bestimmen, verschwindet unerklärlicherweise das Interferenzmuster. Das Experiment gilt als das wichtigste Experiment der Quantenmechanik.

davon, dass es schwierig wird, ein Auto durch einen Doppel-spalt zu schicken).

Bei Experimenten mit Riesenmolekülen (Fullerenen), die man durch einen Doppelspalt schicken kann, geht es unter anderem auch darum, auszuloten, wo die Grenzen der Messmöglich-keiten liegen und wie und wie lange man die großen Moleküle von ihrer Umwelt isolieren kann, um die Doppelspaltmessung durchzuführen. Denn sobald das Riesenmolekül mit einem Objekt der Umgebung wechselwirkt, bildet es mit diesem eine Einheit und macht das Messergebnis unbrauchbar.

3.4 Zusammenhang zwischen Information und Energie

Der Begriff abstrakte Information wird immer für eine Eigenschaft verwendet. So sind die abstrakten Informationen rot oder eckig Eigenschaften einer Substanz. Weder rot noch eckig können für sich selbst existieren, sondern benötigen zu ihrer Existenz eine Substanz. Ein Ziegel kann rot und eckig sein, aber ohne die Substanz Ziegel existiert rot und eckig nicht selbstständig. Rot und eckig sind Informationen über die Eigenschaften der Substanz Ziegel. Rot und eckig sind abstrakte Informationen, d. h. Abstrakta.

Ein Experiment, das einen Zusammenhang zwischen Information und Energie aufzeigen kann, ist Maxwells Dämon[10]. Es ist ein Gedankenexperiment. Der aufgezeigte Zu-

---

10 Der **Maxwell-Dämon** ist ein vom schottischen Physiker James Clerk Maxwell 1871 veröffentlichtes Gedankenexperiment. Das Dilemma, das aus diesem Gedankenexperiment resultierte, wurde von vielen namhaften Physikern bearbeitet und führte zu der Erkenntnis, dass zwischen Information und Energie ein grundlegender Zusammenhang besteht.

sammenhang zwischen Information und Energie gleicht der Beziehung zwischen Masse und Energie nach Einsteins berühmter Formel. In dem Gedankenexperiment wird ganz deutlich, wie die Information über den Aufenthaltsort von Gasmolekülen in Arbeit umgewandelt werden kann. Die Information ist zunächst nur abstrakte Information. Aber die Verbindung der abstrakten Information mit einem Prozess zur Gewinnung von Arbeit lässt die abstrakte Information etwas ganz anderes werden. Der Prozess selbst ohne die abstrakte Information über den Aufenthaltsort der Gasmoleküle kann dagegen keine Arbeit verrichten. Erst die Verbindung mit der abstrakten Information ist geeignet, Arbeit zu verrichten. Das Ergebnis des Gedankenexperiments kann so zusammengefasst werden:

> *Zwischen abstrakter Information und Energie besteht solange kein Zusammenhang, solange die abstrakte Information nicht Teil eines Prozesses ist, der sie in Arbeit umwandelt. Die Voraussetzung für die Äquivalenz von abstrakter Information und Energie ist demnach die Einbindung der Information in einen Prozess.*

Hier können wir nun den ursprünglich abstrakten Begriff Bedeutung physikalisch auffassen, wenn wir diesen physikalisch definieren.

> *Im physikalischen Sinn ist Bedeutung ein Prozess, oder was das Gleiche ist, eine Wechselwirkung.*

Damit können wir nun den Zusammenhang zwischen Information und Energie so formulieren:

> *Information mit (physikalischer) Bedeutung ist*

äquivalent zu Energie. Information ohne eine solche Bedeutung ist nur „bedeutungslose abstrakte Information".

Nachdem die zu Maxwells Dämon gehörige Maschine ihre Arbeit verrichtet hat, verliert die abstrakte Information ihre physikalische Bedeutung, weil sie nicht mehr auf den Aufenthaltsort jenes Gasmoleküls verweist, das die Grundlage der Energiegewinnung war. Die Information ist wieder zur abstrakten Information ohne Bedeutung geworden.

Außer der abstrakten Information existiert eine Informationsart, die mit dem Aufbau unserer Welt aus den kleinsten unteilbaren Einheiten zu tun hat. Der Physiker Weizsäcker[11] hat sie Ure genannt. Aus den Ure hat er die gesamte Welt aufgebaut gesehen. Allerdings war es Weizsäcker nicht klar, dass man aus abstrakter Information keine reale Welt aufbauen kann. Denn abstrakte Information allein ist weder ein Konkretum (Substanz) noch ein Prozess. Hätte er seine Ure als eine Substanz definiert und Vorgänge bzw. Prozesse beschrieben, die Veränderung in die Welt bringen, dann wäre alles in Ordnung gewesen. Aber abstrakte Information allein, gleich wie man sie auch nennen mag, kann kein Erklärungsprinzip der Welt sein. Wie wir ganz am Anfang dieser Schrift gesehen haben, bedarf es zur Erklärung der Welt mindestens der drei letzten

---

11 **Carl Friedrich von Weizsäcker** (*1912, †2007) war ein deutscher Physiker und Philosoph. Mit der Aufsatzsammlung "Die Einheit der Natur" (1971) gelang es ihm die Quantenphysik axiomatisch aus der Unterscheidung empirisch entscheidbarer „Ur-Alternativen" aufzubauen. In Zusammenarbeit mit **Thomas Görnitz** gelang es ihm außerdem die Größenordnung der Entropie abzuschätzen, die frei wird, wenn ein Proton in ein Schwarzes Loch stürzt.

Prinzipien (Substanz, Vorgänge, Eigenschaften bzw. Konkreta, Prozesse, Abstrakta).

3.5 Hilfreiche Prozesse

3.5.1 Fluktuation

Welches ist nun der einfachste Prozess, der hilft, das Entstehen und Bestehen der Welt zu erklären? Dieser Prozess ist die Fluktuation. Fluktuation ist der reine Zufall, der durch nichts und niemand bestimmt werden kann. Es ist der Quantenzufall.

Der Fall eines Würfels kann theoretisch vorherberechnet werden, wenn man die physikalischen Gesetze kennt und die Anfangsbedingungen. Beim Quantenzufall ist das nicht möglich.

Durch Fluktuation entstehen in Teilchenbeschleunigern Teilchen, die beobachtet, gezählt und gemessen werden können.

Fluktuation ist ein Prozess auf elementarster Ebene.

Einen einfacheren Prozess als Fluktuation gibt es nicht.

Fluktuation, also ein Prozess, angewendet auf die kleinste, unteilbare Informationseinheit lässt größere Einheiten (=Packe) entstehen.

3.5.2 Bewusstsein

Bewusstsein ist vor mir wohl noch nie im Rahmen einer physikalischen Theorie definiert worden. Deshalb habe ich mir die Mühe gemacht, nach einer sinnvollen Definition zu suchen, mit der sich im Rahmen einer physikalischen Theorie arbeiten lässt. Herausgekommen ist die Definition, die ich auf S. 143 meines Buchs „*Der Widerhall*"[12] beschrieben habe. Es gilt demnach:

> *Bewusstsein ist ein informationsverarbeitender Prozess, der nicht determinierte Entscheidungen trifft, die zu zielgerichtetem Verhalten zur Befriedigung von Bedürfnissen führen.*

Obwohl Bedürfnis kein physikalischer Begriff ist, habe ich ihn zur Verdeutlichung in der Definition verwendet. Wenn man Bedürfnis definiert als „die Neigung ein Ziel zu verfolgen", dann ist Bedürfnis die abstrakte Information zur Steuerung eines Prozesses in diesem Fall des Bewusstseinsprozesses.

Da Bewusstsein ein Prozess ist, der die abstrakte Welt mit der realen verbindet, kann er abstrakter Information eine (physikalische!) Bedeutung geben. Und wie in meinem Buch mit dem Titel „*Äquivalenz von Information und Energie*"[13] nachgewiesen ist abstrakte Information zusammen mit ihrer physikalischen Bedeutung sogar äquivalent zu Energie.

*

Im nächsten Kapitel werden wir sehen, wie ein Sachbuch auf ganz gravierende Weise gegen das oben dargestellte Prinzip zur Erklärung der Welt verstoßen kann.

---

12 Sedlacek, *Der Widerhall des Urknalls: Spuren einer allumfassenden transzendenten Realität jenseits von Raum und Zeit*; Norderstedt (2012)

13 Sedlacek, *Äquivalenz von Information und Energie: Die Grundbausteine der Welt – Neuausgabe -.* Norderstedt (2017)

4 Einordnung von Thesen zur Welterklärung

Lassen sich aufgestellte Thesen eines marktgängigen inhaltsreichen Sachbuchs des Fachbereichs Physik mit den letzten Prinzipien zur Welterklärung in Einklang bringen? Die als Beispiel dienenden Thesen habe ich in dem Buch mit dem Titel *„Von der Quantenphysik zum Bewusstsein"*[14] auf den Seiten 738 und 739 gefunden.

Die erste These lautet:

> *Die Grundlage des Seins bildet die einfachste Quantenstruktur, die überhaupt möglich ist, die Protyposis.*

In Internetlexikon Wikpedia findet man die Definition des Begriffs Protyposis:

> *Protyposis ist ein [...] Begriff für eine abstrakte und [...] bedeutungsfreie Quanteninformation. Ihre Elemente sind AQIs, abstrakte und absolute Bits von Quanteninformation.*[15]

Aufgrund unseres oben dargelegten Erklärungsprinzips wissen wir, dass bedeutungsfreie Quanteninformation eine Eigenschaft, ein Abstraktum ist. Eigenschaften können nur im Zusammenhang mit etwas Konkretem und einem Prozess die Grundlage des Seins bilden. Deshalb ist die These falsch.

Die zweite These lautet:

> *Der fortwährende Prozess des Werdens des Universums*

---

14 T. Görnitz, B. Görnit, *Von der Quantenphysik zum Bewusstsein*; Springer, Berlin, Heidelberg (2016)

15 https://de.wikipedia.org/wiki/Protyposis

beruht auf der Zunahme der Protyposis [...]

Mit dieser These wird auf einen Prozess Bezug genommen. Da Protyposis eine Eigenschaft ist, beruht laut These der Prozess auf der Zunahme von Eigenschaften. Eigenschaften können sich allerdings nicht ohne einen Prozess ändern und schon gar nicht zunehmen. Deshalb kann ein Prozess auch nicht auf der Zunahme von Eigenschaften beruhen. Umgekehrt würde etwas Erklärendes daraus. Etwa indem ausgesagt würde, dass Protyposis durch einen Prozess fortwährend zunimmt. Dann müsste man nur noch sagen, durch welchen Prozess das geschähe. Die zweite These ist somit falsch.

Die dritte These lautet:

In der kosmischen Evolution gestaltet sich diese [...] bedeutungsfreie Quanten-Vor-Struktur, welche physikalisch als Quantenbits zu charakterisieren ist, auch zu energetischen [...] Objekten.

Mit der Quanten-Vor-Struktur ist die Protyposis gemeint. Hier ist also bestätigt, dass Protyposis bedeutungsfrei ist, also ein Abstraktum, d. h. eine Eigenschaft. Diese Eigenschaft wird nun als Quantenbit charakterisiert. Das Problem in diesem Zusammenhang ist, dass Quantenbits auch nichts Konkretes sind. Quantenbits sind genauso wie die Protyposis Eigenschaften. Diese Eigenschaften bedürfen zu ihrer physikalischen Existenz eines Trägers. Wer oder was ist der Träger? In meinem Buch mit dem Titel *„Äquivalenz von Information und Energie"* habe ich im Kapitel über Quanteninformation ab S. 34 dargelegt, dass der Träger von der Beliebigkeit des Physikers abhängt. Der Träger kann beispielsweise ein Photon sein, ein Atom oder ein

Elementarteilchen. Je nach Wahl des Trägers und dem Messverfahren für die Messung von Quantenbits kommen der Information unterschiedliche Wertigkeiten zu. [16]

Eigenschaften können sich nicht „zu energetischen Objekten gestalten". Die Trägersubstanz der Eigenschaften ist dagegen schon selbst ein „energetisches Objekt". Damit erscheint die ganze These als eine sinnlose, abstrakte Information der geistigen Ebene, nicht anders als eine eierlegende Wollmilchsau. Sie kann weder bewiesen noch widerlegt werden.

Gehen wir deshalb zur nächsten These des Buchs über:

> *Die Protyposis formt sich also zu Photonen und materiellen Teilchen, [...]*

Da die Protyposis ein Abstraktum bzw. eine Eigenschaft ist, kann aus ihr auch kein Konkretum werden. Oder hat man jemals schon gesehen, dass aus der Eigenschaft „rot" wie von Zauberhand eine Kirsche wird?

Eine weitere These aus dem genannten Buch:

> *Damit ergibt sich eine fundamentale Äquivalenz zwischen den Erscheinungsformen der Protyposis, welche als „Materie", als „Energie" und als „bedeutungsfreie Quanteninformation" bezeichnet werden.*

Wenn es sich bei der „Materie" oder der „Energie" um eine physikalische Entität handelt, dann muss man sagen, dass es so eine Äquivalenz allenfalls in Harry Potters Welt gibt. In diesem Fall ist die einzige Äquivalenz, die in der physikalischen Welt besteht, die Äquivalenz zu „bedeutungsfreier

---

16 Sedlacek, *Äquivalenz von Information und Energie: Die Grundbausteine der Welt – Neuausgabe -;* Norderstedt (2017)

Quanteninformation", denn diese ist genauso ein Abstraktum wie die Protyposis. Wäre dagegen Protyposis von Anfang an als eine Substanz definiert worden, dann hätte man wohl eine Äquivalenz zur Energie und zur Materie, aber keine Äquivalenz zum Abstraktum „bedeutungsfreie Quanteninformation".

Wie man es auch dreht und wendet, hier liegt eine weitere eierlegende Wollmilchsau vor. Die Aussage kann niemals im Rahmen eines physikalischen Experiments verifiziert werden und kann damit keine Hypothese einer physikalischen Theorie sein.

Behandeln wir eine weitere These dieser seltsamen Thesensammlung:

> *Da die Protyposis als fundamentale Quanteninformation charakterisiert werden kann, ist es naheliegend, dieser Information ein evolutionäres Bestreben nach Bedeutung [...] zuzusprechen.*

Quanteninformation und damit auch die Protyposis ist nur eine Eigenschaft, die eines substanziellen Trägers bedarf. Aber weder ein Träger noch eine Eigenschaft des Trägers können ein „evolutionäres Bestreben" haben. „Bestreben" ist Prozessen vorbehalten. Selbst wenn die Protyposis keine Eigenschaft, sondern eine Substanz wäre, könnte sie kein „Bestreben" haben. Würde man dagegen Protyposis als einen Prozess definieren, so könnte dieser Prozess zwar ein „evolutionäres Bestreben" haben, aber ein Prozess allein ohne eine Substanz, auf die der Prozess einwirkt, würde nicht existieren. Hier müsste sich die Protyposis also die Frage gefallen lassen, auf welche Substanz sie ihr „evolutionäres Bestreben" anwendet.

Andererseits ist es so, dass man sich entscheiden muss, was

die Protyposis nun sein soll, eine Eigenschaft, ein Vorgang oder eine Substanz oder mit anderen Begriffen, ein Abstraktum, ein Prozess oder ein Konkretum. Ein Wechsel von dem einen Prinzip in das andere würde die Protyposis auf jeden Fall in Harry Potters Welt verlegen.

Wie man es auch dreht und wendet, auch diese letzte These kann wieder nicht im Rahmen der Physik verifiziert werden. Sie gehört allein einer abstrakten geistigen Welt an.

Und noch eine These des Buchs:

> *Im Laufe der [...] Evolution hat sich Protyposis schließlich auch zu Lebewesen geformt.*

Es fällt schwer nach dem Vorangegangenen so eine Aussage noch ernsthaft zu behandeln, aber ich will es versuchen. Keines der drei fundamentalen Prinzipien Substanz, Vorgang oder Eigenschaft kann sich allein zu Lebewesen formen. Wenn jetzt Protyposis doch keine bedeutungsfreie Quantenstruktur wäre, sondern eine Substanz, dann könnte Protyposis natürlich im Laufe der Evolution zu einem Lebewesen geformt werden. Doch für die Formung wären Vorgänge, d. h. Prozesse notwendig. Eine Substanz ohne Prozesse würde sich zu gar nichts formen. Die Protyposis allein, sei es eine Substanz oder nur die Eigenschaft „bedeutungsfreie Quanteninformation" formt sich also nicht. Nur das Zusammenwirken aller drei Prinzipien kann zur Evolution und einer Formung führen. Doch von so einem Zusammenwirken war bei der Aufstellung der These wohl nicht die Rede.

*

Diese wenigen Thesen mögen einen Eindruck davon geben, wie selbst die Wissenschaftsgemeinde nicht frei davon ist, abstrakte gedankliche Vorstellungen ihrer eigenen Fatasiewelt für Realität zu halten. Auf eine noch eingehendere Untersuchung der obigen Thesen möchte ich verzichten, denn alle Ausführungen des Buches, das mehr als 800 Seiten hat, fußen auf diesen Thesen. Wenn die Thesen aber schon der abstrakten geistigen Welt angehören und nichts mit einer physikalischen Realität zu tun haben, dann gehören die darauf fußenden übrigen Ausführungen ebenfalls nicht zur Realität.

Die folgenden Kapitel dienen nun zur Entwicklung einer eigenen Theorie zum Thema des Buchs. Dabei kann ich nur die Hoffnung ausdrücken, dass mir keine der gravierenden Fehler unterlaufen werden, die ich in diesem Kapitel aufgezeigt habe.

5   Die physikalische Wirklichkeit

Albert Einstein, dem wir die Relativitätstheorie verdanken, wendete Jahrzehnte seines Lebens auf, um einen weiteren großen Coup zu landen. Er wollte eine Theorie entwickeln, die alle bekannten Feldtheorien vereint. Das wäre praktisch die allgemein gesuchte Weltformel gewesen. Auch wenn weder Einstein noch sonst jemand das Ziel bisher erreicht hat, so gehört die Suche danach zu den faszinierendsten Themen der Physik. Mit einem neuen Ansatz könnte das große Unterfangen nun gelingen.

5.1   Klassische- und Quantenfeldtheorien

Alle Erkenntnis beginnt damit, dass man sich über Erscheinungen der Natur wundert und Fragen stellt. Was ist der Grund, dass ein Apfel zur Erde fällt, anstatt nach oben zu fliegen? Wieso steigt die Temperaturanzeige eines Thermometers in der Umgebung einer Flamme? Warum dreht sich die Kompassnadel in Nord-Süd-Richtung? In keinem der Beispiele existiert ein direkter materieller Kontakt, der Ursache und Wirkung vermittelt.

Offensichtlich gibt es in der Nähe bestimmter Objekte nichtmaterielle Einflusszonen. Innerhalb dieser Einflusszonen existiert eine Art Fernwirkung auf andere Objekte. Fernwirkung klingt ein wenig nach Zauberei. Die Aufgabe eines Physikers beginnt jedoch immer dann, wenn es darum geht, scheinbar übernatürliche Phänomene auf eine rationale Erklärung zurückzuführen.

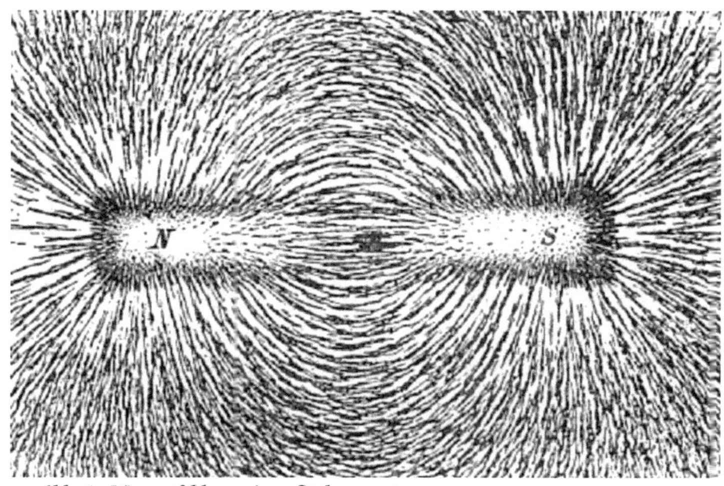

Abb. 1: Magnetfeld um einen Stabmagneten

Michael Faraday (1791 – 1867) nahm seine Aufgabe als Physiker ernst. Er machte eine abenteuerliche Karriere vom Buchbinderlehrling zum weltberühmten Physiker. Sein Geist war kaum von überlieferten Vorstellungen und Theorien beschwert. Das magnetische Feld eines Magnetstabs entdeckte er, indem er ein Papier auf den Stab legte und darauf Eisenfeilspäne streute. Die Späne ordneten sich wie von selbst in Kraft- oder Feldlinien, welche die beiden Pole des Magneten verbanden. In unzähligen Versuchen entdeckte er immer neue Formen der Kraftlinien. Das dokumentieren die überlieferten Zeichnungen und Veröffentlichungen. Auf seiner Pionierarbeit basieren alle Feldtheorien. Darin gelten Felder als Raum und Zeit durchdringende nichtmaterielle Einflusszonen physikalischer Größen, die zwar aus einer bestimmten Quelle entstehen, aber unabhängig davon existieren. Um jedoch den Eindruck einer übernatürlichen Fernwirkung zu vermeiden, beschränken sich die Physiker auf die mathematische Beschreibung von Feldern:

> *„Ein wirkliches Feld ist eine mathematische Funktion, die wir verwenden, um die Vorstellung der Fernwirkung zu vermeiden. Ein wirkliches Feld ist dann ein System von Zahlen, die wir so festlegen, dass das, was an einem Punkt geschieht, nur von den Zahlen an diesem Punkt abhängt. ...“*[17]

Wenn sich ein Feld durch Feldlinien veranschaulichen lässt, dann handelt es sich um ein Vektorfeld. Ein solches hat in jedem Punkt eine Stärke und eine Ausrichtung tangential zur Feldlinie. Vektorfelder sind Kraftfelder. Beispiele sind das elektrische Kraftfeld oder das Gravitationskraftfeld der Erde. Ein Skalarfeld hat dagegen in jedem Punkt nur eine Größe, die durch eine einzige Zahl ausgedrückt wird. Ein Beispiel dafür ist das Temperaturfeld.

Während die klassischen Feldtheorien die Effekte der Quantenmechanik vernachlässigen und Kräfte als kontinuierlich wirkend betrachten, kombiniert die Quantenfeldtheorie klassische Vorstellungen mit diskreten Kräften und Energiepaketen, den Quanten. Die relativistische Quantenfeldtheorie berücksichtigt darüber hinaus auch noch die spezielle Relativitätstheorie. Man unterscheidet im Wesentlichen drei Typen von Feldern. Das sind Materiefelder, Kräftefelder und das hypothetische Higgsfeld, nach dem am Forschungszentrum CERN in Genf fieberhaft gesucht wird. Die Felder geben an, mit welcher Wahrscheinlichkeit man an bestimmten Raumpunkten Quanten antreffen wird.

Für diese Feldtheorien existiert ein rein mathematischer

---

17 Feynman, (2007), Kap. 15-4.

Formalismus (Lagrangedichten) zur Beschreibung der physikalischen Effekte, die durch Kräfte und Wechselwirkungen hervorgerufen werden. Für Berechnungen, und um aus dem Verhalten der Felder Schlüsse zu ziehen, benutzt man sogenannte Bewegungsgleichungen. Das sind Gleichungen, die die räumliche und zeitliche Entwicklung eines physikalischen Systems unter Einwirkung äußerer Einflüsse vollständig beschreiben.

5.2 Materiefelder

Alles, was aus Elektronen und/oder Quarks besteht, zählt zur Materie. Quarks kommen als Bestandteile von Protonen oder Neutronen vor. Sie wurden bisher nur indirekt nachgewiesen Isolierte Quarks hat noch niemand gesehen..

Gemäß der Quantenfeldtheorie schwingen im Materiefeld keine materiellen Objekte, sondern abstrakte Feldgrößen. Materieteilchen existieren in Form winziger Pakete an Schwingungsenergie oder mit anderen Worten, als Quanten dieser Schwingungsenergie.

Es war de Broglie (1892-1987), der als Erster die Vermutung äußerte, dass materielle Elektronen auch wellenartiges Verhalten zeigen und damit schwingen. Für die einfache mathematische Formel, die Teilchen- und Welleneigenschaften der Materie miteinander in Beziehung setzt, bekam er 1929 den Nobelpreis. Zwei Jahre vorher wurde der Wellencharakter von Elektronen bereits im Experiment überzeugend nachgewiesen. In unterschiedlichen Experimenten mit Materiefeldern lässt sich das Ergebnis entweder als Welle und damit Schwingungsenergie oder als Teilchen interpretieren.

Wie ein Paket an Schwingungsenergie gleichzeitig ein Materieteilchen sein kann, ist nur schwer vorstellbar. Dennoch gilt nach Einsteins berühmter Formel $E=mc^2$, dass Energie und Masse äquivalent sind, und Experimente zeigen, dass das eine in das andere umgewandelt werden kann. Eine plausible Erklärung für dieses etwas, das einerseits als Energie und andererseits als Teilchen mit Masse auftritt, hat bisher noch niemand gegeben.

Mit einer Einschränkung gibt es nach der Quantenfeldtheorie die Möglichkeit, sich das Materiefeld ausschließlich als ein klassisches Feld von Teilchen vorzustellen. Die Einschränkung lautet: Die Wahrscheinlichkeit ein Teilchen zu finden, ist über den ganzen Raum verteilt. Die Teilchen haben keinen bestimmten Ort, dafür aber bestimmte Massen und Geschwindigkeiten. Ist das Feld jedoch in einem bestimmten Raumbereich konzentriert, dann kann das Teilchen bei einer Ortsmessung immerhin in diesem Bereich angetroffen werden. Wellen entstehen dabei als periodische Störung in dem Feld und werden durch die Gesamtheit einer großen Anzahl schwingungsfähiger Teilchen gebildet, ähnlich den Wellen an Wasseroberflächen, die durch eine große Anzahl schwingungsfähiger Wassermoleküle geformt werden.

5.3   Kräfte- und Higgsfelder

Der zweite Feldtyp der Quantenfeldtheorien sind Kräftefelder, zu denen auch Magnetfelder gehören. Kräfte zwischen Materieteilchen werden laut Standardmodell der Teilchenphysik nicht durch eine obskure Fernwirkung und auch nicht durch Materieteilchen übertragen, sondern durch den Austausch von sogenannten Kraftteilchen (Bosonen). Zu diesen zählen das Lichtteilchen (Photonen), die W- und Z-Bosonen und die Gluonen. Jedem dieser Teilchen werden unterschiedliche Eigenschaften zugeschrieben.

Warum man etwas, das keine Materie ist, dennoch als

„Teilchen" bezeichnet, liegt daran, dass Kräftefelder Energie enthalten, nämlich winzige Päckchen an Schwingungsenergie (Quanten). Wie schon erwähnt ist Energie äquivalent zu Masse und Masse ist eine Eigenschaft von Teilchen, aber keineswegs ausschließlich von Materieteilchen. Quanten zeigen je nach Experiment entweder Welleneigenschaft oder Teilcheneigenschaft.

Jedem fundamentalen Kraftteilchen entspricht einerseits ein Kraftfeld. Andererseits gehört zu jedem fundamentalen Kraftfeld ein Teilchen.

Der dritte erwähnte Feldtyp ist das hypothetische Higgsfeld und das dazugehörige Higgsteilchen. Dieses soll anderen Teilchen ihre Masse verleihen. Ob ein solches Feld und entsprechendes Teilchen gefunden werden kann, muss die Zukunft erweisen[18].

5.4 Große einheitliche Feldtheorie

Eine der Folgerungen der Quantenmechanik ist, dass es keinen von Feldern freien Raum gibt, denn es ist unmöglich, aus einem Raum die Strahlung zu entfernen. Dabei handelt es sich um Wärmestrahlung, die eine Erscheinungsform elektromagnetischer Wellen ist, die in elektromagnetischen Feldern vorkommen. Selbst am absoluten Temperaturnullpunkt muss es Energieschwankungen geben, die zwar in der Summe Null sind, aber dennoch um den Nullwert herum fluktuieren. Das bedeutet eine gewisse Abhängigkeit des Raums von den darin enthaltenen Feldern.

Zwischen bestimmten Feldern und dem Raum besteht sogar ein noch engerer Zusammenhang. Warum ein Apfel nicht nach

18 Aktuelle Experimente lassen vermuten, dass es möglicherweise mehrere Higgsteilchen gibt.

oben fliegt, sondern auf den Boden fällt, liegt am Gravitationsfeld der Erde. Wenn Einsteins allgemeine Relativitätstheorie richtig ist, und davon muss man aufgrund experimenteller Bestätigungen ausgehen, handelt es sich beim Gravitationsfeld nicht um ein Feld innerhalb von Raum und Zeit, sondern es ist die vierdimensionale Raumzeit selbst. Gravitationskräfte sind darin nur die Folgen der Krümmung von Raum und Zeit, also der Geometrie.

Die große Vision der Physiker ist nun die einheitliche Feldtheorie zu finden, die sämtliche vier fundamentalen Kraftfelder (starke Wechselwirkung, elektromagnetische Wechselwirkung, schwache Wechselwirkung, Gravitation[19]) als Aspekte eines einheitlichen Feldes erklärt. Mit drei Kraftfeldern ist die Vereinheitlichung schon weitgehend gelungen, aber die Gravitation widersetzt sich hartnäckig allen Versuchen, sie mit anderen Kraftfeldern zu verschmelzen. Die Ansätze für die Vereinheitlichung findet man in Veröffentlichungen meist unter den Bezeichnungen „große einheitliche Theorie" oder „Supersymmetrie".

In einem der Ansätze für eine einheitliche Feldtheorie wurden Unsummen an Forschungsgeldern investiert. Es ist die M-Theorie. Diese beruht auf der Hypothese, dass die Raumzeit nicht aus vier Dimensionen besteht, sondern aus elf, nämlich zehn räumlichen und einer zeitlichen. Sämtliche Kräfte wären darin in Wahrheit auf die Geometrie und das Wirken unsichtbarer Raumdimension zurückführbar. Subatomare Teilchen werden in der Theorie nicht als Punkte aufgefasst, sondern als winzig kleine schwingende und rotierende Energiefäden (Superstrings) oder Membranen (Brane) in zwei oder mehr Dimensionen. Die Größe der Superstrings soll unterhalb der

---

19 Tipler (2009), S. 1546

Planck-Skala liegen. Dadurch werden sie wohl niemals experimentell nachweisbar sein.

5.5 Das Bild der Wirklichkeit, das Feldtheorien vermitteln

Felder stellen anscheinend die grundlegende physikalische Wirklichkeit dar, weil sie die letzte Erklärungsebene der Physik sind. Teilchen sind Manifestationen dieser Wirklichkeit. Nach der Theorie existiert weder für die Gravitation, noch für den Magnetismus noch für die sonstigen Felder so etwas wie eine Fernwirkung. Jedes fundamentale Feld sei es ein Materie-, Kraft- oder Higgsfeld entspricht einem Teilchen und umgekehrt jedes Teilchen einem Feld. Bei den Schwingungen der Felder handelt es sich um Schwingungen abstrakter Feldgrößen, denn Felder werden ausschließlich durch ein System von Zahlen beschrieben, *„die wir so festlegen, dass das, was an einem Punkt geschieht, nur von den Zahlen an diesem Punkt abhängt"* (Feynman). Niemand kann jedoch erklären, wie es möglich ist, dass Schwingungen abstrakter Feldgrößen Energie transportieren. Und niemand kann erklären, wie aus abstrakten Feldgrößen messbare Teilchen werden.

Wenn es darum geht, zu beschreiben, was in der Singularität des Urknallgeschehens vor sich ging, dann erleiden alle bisherigen Feldtheorien Schiffbruch. Raum und Zeit sollen nach der Urknalltheorie erst winzige Bruchteile von Sekunden nach der Singularität entstanden sein und seitdem dehnt sich der Raum aus. Die Felddefinition der Standardphysik setzt die Existenz von Raum voraus. Die Quantenfeldtheorien gehen von der vierdimensionalen Raumzeit aus, Stringtheorien von noch mehr Dimensionen. Wie kann eine Theorie, die den Raum voraussetzt, die Entstehung von Raum und Zeit beschreiben? Die Antwort lautet: Sie kann es nicht.

Das Problem hat zwei Facetten. Erstens gibt es eine rational unzulässige Vermischung der abstrakten, geistigen Ebene mit der physikalischen. Zwar können die Feldtheorien erfolgreich Messergebnisse voraussagen, aber physikalische Erklärungen müssen zwangsläufig scheitern. Man kann einfach nicht erklären, wie etwas Abstraktes, nämlich eine Feldgröße, etwas Reales, nämlich ein messbares Teilchen im Augenblick der Messung hervorbringen kann. Das wäre so, als wollte man erklären, wie die Zahl 70 ein Auto beschleunigt. Zahlen können keine Autos beschleunigen, genauso wenig wie Zahlen Energien transportieren oder Teilchen hervorbringen können. Weil man diese Vermischung zweier Ebenen zugelassen hat, stellt die Feldtheorie mit abstrakten Feldgrößen die letztmögliche Erklärungsebene dar. Aber es ist keine physikalische Erklärungsebene, sondern eine rational unzulässige und damit übernatürliche. Und genau an dieser Stelle hätte die Arbeit der Physiker weitergehen müssen, um als letzte Erklärungsebene eine rationale, physikalische zu finden.

Zweitens ist es nicht sinnvoll Raum und Zeit in der Definition fundamentaler Felder bereits vorauszusetzen. Dass solche Voraussetzungen tatsächlich implizit getroffen werden, zeigen die aus Feldern direkt abgeleiteten Bewegungsgleichungen der Feldtheorien, die die räumliche und zeitliche Entwicklung eines physikalischen Systems beschreiben. Besser wäre es, man würde eine Definition für physikalische Felder finden, die unabhängig ist von Raum und Zeit und die nicht auf abstrakten Feldgrößen basiert. Dann hätte man darauf aufbauend die Möglichkeit zu erklären, wie Raum und Zeit als Manifestationen eines kosmologischen Hintergrundfeldes entstanden sind oder immer noch entstehen. Man hätte eine letzte

Erklärungsebene, auf der eine einheitliche Feldtheorie aufgebaut werden könnte.

Damit ich nun in dieser Schrift den Ansatz für eine einheitliche Feldtheorie skizzieren kann, definiere ich ein physikalisches Feld folgendermaßen:

Ein physikalisches Feld ist die Gesamtheit der über einen Bereich verteilten, voneinander unabhängigen Ausprägungen einer physikalischen Größe, die alle dieselbe feldbildende Ursache haben. (D5.1)

Der „Bereich" muss kein Raumzeit-Bereich sein. Wie es physikalische Bereiche unabhängig von Raum und Zeit geben kann, wird später erläutert. Wichtig ist, dass es sich bei der Feldelementen um Ausprägungen einer physikalischen Größe handelt und nicht um abstrakte Feldgrößen in abstrakten Punkten. Anhänger der Kopenhagener Deutung der Quantenmechanik werden dem wahrscheinlich entgegnen, dass es vor einer Messung oder Beobachtung nur abstrakte Feldgrößen geben kann. Die obige Definition würde für subatomare Teilchen und Felder etwas Paradoxes definieren. Warum die Definition dennoch kein Paradoxon sein muss, wird in dieser Schrift entwickelt.

Bevor der Ansatz einer einheitlichen Feldtheorie skizziert werden kann, muss im nächsten Kapitel das Wesen der Fluktuation in der Natur angesprochen werden.

6 Zufällige Veränderung von Systemzuständen

Leben ist gekennzeichnet durch die prinzipielle Unvorhersagbarkeit des Verhaltens. Die Flugbahn eines Steins kann man vorhersagen. Für die Bahn des Vogelflugs gilt das nicht. Doch die Welt toter Materie ist im Kleinen ungeahnt lebendig.

Die Unterschiede zwischen der Welt im Großen und jener in den Dimensionen von Atomen oder kleiner können an einem Beispiel verdeutlicht werden. Ein Pendel der klassischen Physik, beispielsweise das Pendel einer alten mechanischen Uhr, hängt für alle Zeiten regungslos senkrecht herunter, wenn die Uhr nicht aufgezogen wird. Nicht so das Pendel von atomarer Größe. Denn in dieser Größenordnung gelten die Gesetze der Quantenmechanik. Danach ist das Pendel immer in Unruhe. Es fluktuiert um die Ruhelage herum, befindet sich jedoch nie exakt an deren Position. Die Fluktuation zeigt sich durch eine permanente und zufällige Veränderung von Zustand und Lage des Pendels. Man kann nie genau sagen, welche Auslenkung es gerade hat.

Es war kein Geringerer als der Physiker Werner Heisenberg (1901 – 1976), der diesen Umstand im Zusammenhang mit sogenannten Doppelspaltexperimenten entdeckte. In der Wissenschaft ist seine Entdeckung unter dem Namen Unschärferelation bekannt. Heisenberg bekam dafür im Jahr 1932 den Nobelpreis.

6.1 Das Prinzip der Natur, das aus nichts etwas entstehen lässt

Eine der Aussagen der Unschärferelation ist es, dass kein Teilchen einen bestimmten Ort und eine bestimmte Geschwindigkeit gleichzeitig besitzen kann. Würde sich demnach das Pendel am Ort der Ruhelage befinden, könnte es nicht gleichzeitig die Geschwindigkeit null haben. Hätte es andererseits die Geschwindigkeit null, könnte es nicht gleichzeitig am Ort der Ruhelage sein. Die Konsequenz ist, dass das quantenmechanische Pendel weder an einem genau bestimmten Ort zu finden ist, noch eine genau bestimmte Geschwindigkeit besitzt. Es fluktuiert einfach um den Ort der Ruhelage herum und das für alle Ewigkeit. Niemals ist es in Ruhe. Sein Verhalten ist genauso unvorhersagbar, wie man es von etwas Lebendigem gewohnt ist.

Fluktuation ist das Prinzip der Natur, das aus nichts etwas entstehen lässt. Aus der Unschärferelation folgt, dass selbst im bestmöglich leeren Raum, dem physikalischen Vakuum, etwas fluktuiert. Das bedeutet, dass elektromagnetische Wellen im physikalischen Vakuum zwar im Mittel verschwinden, aber dennoch als solche Energieschwankungen vorkommen, die der Unschärferelation genügen. Diese fluktuierenden elektromagnetischen Wellen treten als Wärmestrahlung und bei höheren Temperaturen sogar als Licht auf.

6.2 Materie aus dem Nichts

Fügt man einem physikalischen Vakuum auf irgendeine weise Energie hinzu, geschieht etwas Seltsames. Fluktuationen sorgen dafür, dass die Energie in reale Teilchen-Antiteilchen-Paare umgewandelt wird, z.B. einem Elektron und seinem Antiteilchen dem Positron (Paarerzeugung). Praktisch aus nichts ist dann Materie entstanden und die Energie zu Masse kondensiert. Einerseits wählt die Fluktuation eine Alternative unter allen Möglichkeiten, andererseits löst sie den Prozess selbst aus.

Im Gegensatz zur klassischen Physik, in der es für jedes physische Ereignis eine Ursache gibt, bedarf es für Fluktuationen keinerlei Ursache. Weil der Vorgang aber nicht ohne Einsatz von Energie ablaufen kann, borgt sich die Fluktuation die benötigte Energie im Nichts des Vakuums aus. Wie im täglichen Leben muss über kurz oder lang der Kredit zurückgezahlt werden. Die dabei geltende Regel, die Heisenberg herausfand, lautet: Energiereiche Fluktuationen dauern nur kurz, die Rückzahlung erfolgt schnell. Energiearme kann es länger geben. Wenn aufgrund zugeführter Energie reale Teilchen-Antiteilchen-Paare entstehen, können diese allerdings auch nach Beendigung der sie verursachenden Fluktuation weiter existieren.

In der Praxis führt man den Schöpfungsprozess, nämlich die Paarerzeugung, regelmäßig in Teilchenbeschleunigern durch. Zu dem Zweck wurde kürzlich der weltgrößte Teilchenbeschleuniger am Forschungszentrum CERN in Genf in Betrieb genommen. Im Vakuum von Teilchenbeschleunigern werden winzigste Elementarteilchen auf extrem hohe Geschwindigkeiten beschleunigt. Hohe Geschwindigkeit bedeutet einen entsprechenden Gehalt an Bewegungsenergie. Durch den gewollten Zusammenprall mit anderen Teilchen wird diese plötzlich in Wärmeenergie umgewandelt. Die Fluktuation im Vakuum sorgt dann dafür, dass die Energie verwendet wird, um reale Teilchen-Antiteilchen-Paare zu erzeugen. Je nachdem wie viel Energie zur Verfügung steht, entstehen aus dem Nichts unterschiedliche Arten von Teilchen und vernichten sich gegebenenfalls auch wieder.

Am CERN hat man durch den Einsatz enormer Energien endlich das lange gesuchte Gottesteilchen erzeugt, wie scherzhaft das Higgs-Boson genannt wird. Dieses Gottesteilchen soll nämlich nach der herrschenden Theorie anderen Teilchen ihre Masse verleihen und uns detailliert Aufschluss über den Schöpfungsprozess des Urknalls geben. Weil Raum und Zeit erst mit dem Urknall entstanden sein sollen, gilt es als nicht ausgeschlossen, dass beides selbst energiearme Fluktuationen von langer Lebensdauer sind. Wie aus Fluktuationen ein ganzes Universum entsteht, wird in den nächsten Kapiteln entwickelt.

7 Das kosmologische Hintergrundfeld

Die Forschungen zur Vereinheitlichung der gegenwärtigen Feldtheorien werden von einer Vision getragen. Es ist die Vision, dass das Wirken eines einzigen universalen Feldes das Universum entstehen lässt und ihm Struktur, Energie, Licht und Materie verleiht. Es wäre die Verschmelzung von Materie, Raumzeit und Kraft zu einem einzigen Kontinuum. Die Gesamtheit der Natur würde seinem Wirken unterliegen. Aus ihm würde das schöpferische Prinzip entstehen, das sich in der Evolution des Universums und der Lebewesen zeigt. Das Universum würde die ungeahnte Einheitlichkeit offenbaren, die Physiker als „Totale Symmetrie" bezeichnen. Dieses universale Feld soll hier „kosmologisches Hintergrundfeld" genannt und diskutiert werden.

7.1 Notwendige Bedingungen

Unter einer **Struktur** versteht man die Elemente eines Systems zusammen mit der Art und Weise, wie diese Elemente durch Beziehungen verbunden sind. Welche grundlegende Struktur müsste das System „kosmologisches Hintergrundfeld" haben, damit es den Vorstellungen der Vision entspricht?

Es darf keinesfalls von Raum und Zeit abhängig sein, denn beides soll aus seinem Wirken erst entstehen. Die Feldelemente dürfen in der Grundstruktur nicht mit Ort und Zeitpunkten verknüpft sein. Aber was kommt dann noch als Feldelement infrage? Man kann sich kaum vorstellen, dass Raumzeit aus Feldelementen entsteht, die physikalischen Basisgrößen entsprechen, wie Temperatur, elektrischer Stromstärke, Stoffmenge oder Lichtstärke, auch wenn diese Basisgrößen selbst nicht abhängig sind von Raum und Zeit. Die bekannten fundamentalen Materie- und Kraftteilchen und ihre Energiepakete, die Quanten, können ebenso wenig als Feldelemente dienen, denn das kosmologische Hintergrundfeld soll diese Objekte ebenfalls erst entstehen lassen. Was bleibt dann noch übrig?

Unter Physikern besteht schon lange der Verdacht, dass Information ein wesentlicher Grundbaustein der Welt ist. Wenn Information nicht nur ein Grundbaustein wäre, sondern **der** Grundbaustein, dann folgte daraus wie selbstverständlich, dass die Feldelemente des kosmischen Hintergrundfelds aus Informationseinheiten bestehen müssten.

Bereits um 1970 herum entwickelte der Physiker und Philosoph Carl Friedrich von Weizsäcker seine Theorie, nach der die Welt und ihre Objekte aus Uralternativen (Ure) aufgebaut werden kann. Uralternativen sind elementare Ja-Nein-Entscheidungen, die sich binär durch die Ziffern 0 und 1 codieren lassen.

> *„Alle Objekte bestehen aus letzten Objekten mit n=2 [Möglichkeiten]. Ich nenne diese Objekte Urobjekte und ihre Alternativen Uralternativen."* [20]

Solange Weizsäckers Ur abstrakter Information ähnelt, somit zur geistigen Ebene gehört, und nicht zur physikalischen, kann es nach unserer Felddefinition auf Seite 39 nicht als Element eines physikalischen Feldes auftreten, denn abstrakte Information ist nicht die Ausprägung einer physikalischen Größe.

Der Typ Information, von dem hier die Rede sein soll, ist keine abstrakte Information. Wie ich schon an anderer Stelle diskutiert habe[21], gibt es Informationsarten, die nicht zur

---

20 Weizsäcker 1974, S. 269
21 Sedlacek (2009)

abstrakten, geistigen Ebene gehören, sondern zur physikalischen. Das ist einmal die Strukturinformation und zum anderen die Substanzinformation. **Strukturinformation ist äquivalent zu Energie** und kann auch zur Verrichtung von Arbeit verwendet werden. **Substanzinformation ist äquivalent zu Masse.** Aus ihr können Teilchen geformt werden. Masse und Energie sind aufgrund Einsteins Beziehung ebenfalls äquivalent zueinander. Die Energieäquivalenzwerte von Struktur- und Substanzinformation sind bei Basistemperatur (10^{-30} K) gleich groß und betragen

$$e_B = 10^{-53} \text{ Joule pro Bit}^{[22]}. \qquad (7.1)$$

Dieses Bit an Struktur- oder Substanzinformation nenne ich ein **S-Bit**.

Gleichgültig, ob nun Struktur- oder Substanzinformation, beides ist im philosophischen Sinne eine Substanz, denn eine Substanz ist etwas, was aus sich selbst heraus existieren kann. Im Gegensatz dazu steht die Eigenschaft, die zu ihrer Existenz immer eine Substanz benötigt. Beispielsweise benötigen die Eigenschaften rot und dick eine Substanz, der man diese Eigenschaften geben kann. Ein abstraktes Bit, das zwei Werte 0 oder 1 annehmen kann, ist niemals eine Substanz, sondern eine Eigenschaft, die zu ihrer Existenz einen (Daten-)Träger benötigt.

Die Substanz der S-Bits zeigt dagegen keine Eigenschaftswerte, sondern existiert entweder oder existiert nicht. Erst Zusammenfassungen von S-Bits können Eigenschaften zeigen.

Wenn die Elemente des kosmischen Hintergrundfelds Informationseinheiten sind, dann müssen diese notwendigerweise aus S-Bits bestehen, deren äquivalente Form, die Masse oder Energie, gemessen und beobachtet werden kann. Wie würde die grundlegende Struktur des kosmischen Hintergrund-

---

22 Sedlacek, a.a.O., S. 44

felds (kurz: Hintergrundfeld) aussehen?

Wenn ausschließlich S-Bits zur Strukturbildung zur Verfügung stehen, können die Elemente der Struktur des Hintergrundfeldes nur aus Zusammenfassungen von S-Bits bestehen. Die Zusammenfassungen sind ebenfalls eine Substanz, auch wenn nur ihre äquivalente Form messbar sein sollte.

Mit dem Begriff der Grundmenge, der die Gesamtheit aller S-Bits des Hintergrundfeldes bezeichnet, kann nun definiert werden, was ein Pack ist.

Eine Zusammenfassung von Teilen der Grundmenge und/oder der Struktur des Hintergrundfelds soll Pack (*der Pack Plural: Packe*) **heißen.** (D7.1)

Wenn die Struktur des Hintergrundfelds die Gesamtheit der Packe umfasst, dann müssen notwendigerweise einige **Beziehungen** bestehen:

1. Die Packe können aber müssen nicht in einer beliebigen Anzahl Stufen ineinander geschachtelt sein.

2. Ein S-Bit oder ein Pack kann aber muss nicht einer beliebigen Anzahl anderer Packen angehören.

3. Der **leere Pack**, der weder ein S-Bit noch ein Pack enthält, und der Pack, der die gesamte Struktur umfaßt, sind Elemente der Struktur des Hintergrundfeldes.

4. Der Durchschnitt beliebig vieler Packe ist ein Pack. (Unter dem Durchschnitt zweier Packe A und B versteht man den Pack, dessen Elemente sowohl in A wie in B enthalten sind.)

5. Die Vereinigung beliebig vieler Packe ist ein Pack. (Unter der Vereinigung zweier Packe A und B versteht man den Pack, der die Elemente von *beiden* Packen enthält.)

Diese Beziehungen kann man sich mit der Schachtel-

Metapher recht anschaulich vorstellen. Es ist nicht schwer, deren Notwendigkeit einzusehen. In der Vorstellung ersetzt man Packe durch konkrete Schachteln, die S-Bits in Form von Bauklötzchen enthalten oder auch nicht. Kleinere Schachteln können sich in größeren Schachteln befinden. Mehrere Schachteln können in eine andere eingelegt werden: Das ist deren Vereinigung. Für die Durchschnittsbildung kann man sich eine Spezialschachtel mit einem gemeinsamen Bereich ausmalen, der zu mehreren Schachteln gehört. Die Schachteln hängen durch den gemeinsamen Bereich zusammen.

Würde es keine Struktur und damit keine Beziehungen zwischen den Packen geben, könnte ein Universum, wie wir es kennen, nicht existieren. In unserem Universum sind es Einheiten von Massen oder Energien, die Beziehungen eingehen. Diese Einheiten sind die äquivalente Form von dem, was hier als Packe bezeichnet wird. Die Einheiten können mit andern zusammengefasst sein oder sonstige Beziehungen eingehen. In der Summe sind Null-Energien möglich (leeres Pack). Das komplette Universum entspricht einem Pack, der die Grundmenge zusammen mit ihrer Struktur umfasst.

Wenn man die Struktur mit dem vergleicht, was in der Felddefinition gefordert ist, dann ist der Pack die Ausprägung einer physikalischen Größe. Diese ist die zur Information äquivalente Masse oder Energie. Die weitere Bedingung, dass die Ausprägungen der physikalischen Größe dieselbe feldbildende Ursache haben sollen, wird durch das Wesen der Fluktuation erfüllt, denn diese ist die feldbildende Ursache.

Im 6 Kapitel (ab Seite 40) haben wir gesehen, dass Fluktuation ein Grundprinzip der Natur ist. Ohne Fluktuation würde sich nichts verändern. Alles wäre tot. Fluktuation ist deshalb notwendig im Universum. Die Existenz von

Fluktuation ist zudem empirisch nachgewiesen.

Was bedeutet Fluktuation bezogen auf die Struktur des Hintergrundfelds? Fluktuation angewendet auf ein leeres Pack wird eines entstehen lassen, das mindestens ein S-Bit enthält. Wird Fluktuation auf ein nichtleeres Pack angewendet, kann sie ein leeres Pack entstehen lassen. Durch die simultane Fluktuation bezogen auf beliebig viele Packe können Vereinigungen der Packen oder Durchschnitte entstehen. Fluktuationen sind notwendig und sie sind, wie schon erwähnt, die feldbildende Ursache des Hintergrundfelds. Später werden wir sehen wie reale Photonen oder sonstige Teilchen treten ins Dasein treten (vgl. Kapitel 7.7), indem Fluktuationen **Zustandsänderungen** von Packen bewirken.

Eine Struktur, bestehend aus Packen in Einheit mit Fluktuationen, ist notwendig für das kosmologische Hintergrundfeld, weil sich dadurch etwas bewegt und Form und Gestalt sich herauskristallisieren. In Anwendung der Definition von Seite 39 handelt es sich bei der aufgezeigten Struktur um ein physikalisches Feld. Dieses ist nicht aus abstrakten Feldgrößen aufgebaut, sondern aus Feldgrößen, die äquivalent zu Energie und Masse sind.

Offen ist die Frage, ob die beschriebenen minimalen Voraussetzungen auch hinreichend sind, um unser Universum zu begründen. In den nächsten Kapiteln werde ich versuchen, das nachzuweisen.

7.2 Warum alle Strukturen vorkommen, die nicht unmöglich sind

Das Infinite-Monkey-Theorem besagt Folgendes: Wenn ein Affe auf einer Schreibmaschine tippt, so werden durch ein zufälliges Tippen von unendlicher Dauer mit Sicherheit alle

Texte Shakespeares entstehen. Allerdings wäre die Wartezeit, bis allein Hamlet vollendet ist, größer als das Alter des Universums. Wenn aber das Tippen außerhalb des zeitlichen Rahmens der Raumzeit geschieht, dann muss auch ein so unwahrscheinliches Ereignis wie die Fertigstellung aller Shakespeare-Texte auf jeden Fall eintreten.

Fluktuation bewirken wie erwähnt die Zustandsänderung der Packe und erzeugen sogar reale Teilchen (vgl. Kapitel 7.7). Sie sind ein sehr mächtiges Instrument der Natur. Im Prinzip kann durch Fluktuation alles entstehen, was nicht gegen irgendwelche Naturgesetze verstößt und somit physikalisch unmöglich ist.

Gesetzmäßigkeiten und Objekte der abstrakten Ebene, die gegen physikalische Gesetze verstoßen, können nicht durch Fluktuation in der Realität entstehen.

Hierzu ein Beispiel: Manchmal wissen sich Physiker nicht anders zu helfen, als dass sie eine Theorie auf abstrakter Ebene konstruieren und dann die faktische Realität, nämlich die Beobachtung oder das Messergebnis als einen Zusammenbruch des vorherigen Seinsstatus betrachten. Ich erwähne dazu nur das Stichwort „Kopenhagener Deutung" mit dem die Interpretation der Quantenmechanik bezeichnet wird, die um 1927 von Niels Bohr und Werner Heisenberg während ihrer Zusammenarbeit in Kopenhagen formuliert wurde.

Wie schon weiter oben erwähnt, gehört zur Kopenhagener Deutung das berühmte quantenmechanische Gedanken-experiment „Schrödingers Katze". Dieses zeigt die Schizophrenie, die der gedanklichen Vermischung zweier Seinsebenen entspringt. Zur Erinnerung: Bei diesem Ge-dankenexperiment wird eine Katze in eine verschlossene Kiste zusammen mit einem Mordinstrument gesperrt. Dieses wird durch den zufälligen Zerfall einer radioaktiven Substanz gesteuert. Wenn der Versuchsleiter nach einer Stunde in der Kiste nachsieht, gibt es eine 50%-ige Wahrscheinlichkeit, dass die Katze noch lebt.

Die Theorie der Quantenmechanik sagt, dass die Katze innerhalb der Stunde, bevor der Versuchsleiter nachsieht, **gleichzeitig** tot und lebendig ist. Das wäre völliger Unsinn, wenn ihr Zustand kein abstrakter, sondern ein realer wäre. Auf physikalischer Ebene, außerhalb der Kiste, ist die Katze **entweder** tot oder lebendig. Nicht beides gleichzeitig. Die Physiker können aber die Illusion der abstrakten Ebene so lange aufrechterhalten, solange niemand die Kiste öffnet und nachsieht.

Ich möchte Folgendes noch mal betonen, weil auch unter Wissenschaftlern zu viel Verwirrungen zwischen abstrakter und realer Wirklichkeitsebene vorkommen: Wenn in dieser Schrift die Rede davon ist, dass durch Fluktuation alles entstehen kann, was nicht unmöglich ist, dann soll sich das ausschließlich auf die physikalische Ebene beziehen. Sicher ist es möglich auch auf abstrakter Ebene Dinge zu konstruieren, für die es keinen logischen Widerspruch gibt. Beispielsweise für die Zustände von Objekten der Quantenmechanik vor einer Messung oder Beobachtung. Das ist aber nicht gemeint. In dieser Schrift geht es um die äquivalenten Zustände beobachtbarer Objekte innerhalb der physikalischen Ebene.

Es gibt viele Strukturen, die mit großer Wahrscheinlichkeit von Fluktuationen hervorgerufen werden, weil sie nur sehr wenige S-Bits enthalten und sehr einfach sind.

Es gibt aber auch außerordentlich komplexe Strukturen, beispielsweise weil die Packe weitere Strukturen enthalten, weil sie beliebig ineinander geschachtelt sein können oder weil sie riesige Mengen an S-Bits enthalten. Nach der klassischen Definition, wie sie von Laplace formuliert wurde, ist Wahrscheinlichkeit das Verhältnis der „günstigen Ereignisse" zur Anzahl aller möglichen Ereignisse. Je mehr S-Bits und Packe an einer Struktur beteiligt sind, desto unwahrscheinlicher erscheint diese, weil die Anzahl der möglichen Ereignisse ungleich stärker wächst.

Allerdings gibt es keinen Hinweis dafür, dass die Zahl der Fluktuationen begrenzt ist. Denn Fluktuationen geschehen außerhalb des zeitlichen Rahmens der Raumzeit, weil Zeit erst durch Fluktuation ins Dasein gerufen wird, wie ab Seite 55 gezeigt wird. **Bei einer unbegrenzten Anzahl an Fluktuationen muss nach dem Infinite-Monkey-Theorem auch ein fast unwahrscheinliches Ereignis zwangsläufig eintreten.** Das bedeutet, dass alle physikalischen Strukturen vorkommen, die nicht aus anderen physikalischen Gründen unmöglich sind.

7.3 Beziehungen und Strukturen im Detail

Von den unendlich vielen möglichen Beziehungen soll hier nur das Wenige detaillierter besprochen und in der formalen Notation der Mengenlehre ausgedrückt werden, das im Nachfolgenden benötigt wird. Dabei sollte man allerdings immer im Hinterkopf behalten, dass ein Pack keine abstrakte Menge ist, sondern eine Art Substanz der physikalischen Ebene.

In einem Pack können auch andere Dinge als S-Bits enthalten sein, beispielsweise andere Packe. Deshalb bezeichne ich die Dinge, die in einem Pack enthalten sind, nur allgemein als Elemente. Ist ein Objekt x Element eines Packs M, so steht formal dafür: $x \in M$. Für die Verneinung (x ist kein Element von M) steht: $x \notin M$.

Eine der notwendig vorhandenen allgemeinen Beziehungen ist die Schachtelung der Packe. Wenn alle Elemente in einem Pack A auch in einem zweiten umfassenderen Pack B enthalten sind (Schachtelung), nenne ich Pack A einen Teilpack von Pack B. Der Pack B enthält dann mindestens so viele Elemente wie der Pack A. Anschaulich ausgedrückt mit der Schachtel-Metapher: Die Schachtel A liegt in der Schachtel B. Der Pack B soll Oberpack von A heißen.

Formal mit dem speziellen Zeichen für Teilpacke:

Es gilt $A \subseteq B$, wenn aus $x \in A$ folgt, dass $x \in B$ ist. Der Unterstrich in dem Zeichen soll an $\leq$ erinnern.

Nach dieser Definition ist jedes Pack auch Teilpack von sich selbst: $A \subseteq A$.

Ein echtes Teilpack von B ist ein Teilpack, der nicht B selbst ist. Formal: $A \subset B$.

Eine Vereinigung **O** von Packen ist **geordnet** (geordnete Packe), wenn für zwei beliebige Packe $A, B \in O$ entweder $A \subseteq B$ oder $B \subseteq A$ gilt und folgende Bedingungen erfüllt sind: Die Beziehung ist

- transitiv. Das bedeutet, dass der Teilpack eines Teilpacks von A auch Teilpack von A ist. Formal:
  $Aus\ C \subseteq B \subseteq A\ folgt\ C \subseteq A\ für\ alle\ A, B, C \in O$

- reflexiv. Das bedeutet: Jedes Pack ist Teilpack seiner selbst. Formal: $A \subseteq A\ für\ alle\ A \in O$

- antisymmetrisch. Das bedeutet: Wenn ein Pack B sowohl Teilpack als auch Oberpack von A ist, dann ist es A selbst. Formal:

$Aus\ A \subseteq B\ und\ B \subseteq A\ folgt\ A = B\ für\ alle\ A, B \in O$

Anders als der soeben erwähnte Begriff der „geordneten Packe" bezeichnet die **Elementesammlung** (mathematisch: n-

Tupel) eine geordnete Vereinigung mit einer fixen Anzahl n von Elementen, deren Ordnung von keiner Bedingung abhängt.

Der Begriff der Mathematik möchte ich deshalb nicht verwenden, weil es nicht um Beziehungen der abstrakten Ebene geht, sondern um solche der physikalischen Ebene.

Es folgt die Beschreibung einer Beziehung, die in der Mathematik als kartesisches Produkt (nach René Descartes) bezeichnet wird und die hier aus dem vorgenannten Grund **Elementekombination** heißen soll. Die Elementekombination von n Packen $A_1, ..., A_n$, besteht aus allen Elementesammlungen $(a_1, ..., a_n)$ mit $a_i \in A_i$. Man schreibt sie als $A_1 x ... x A_n$. Sie ist praktisch die Kombination jedes Elements mit jedem (D7.2).

Nun sind alle Vorbereitungen für die formale Definition der physikalischen Relation getroffen. Die Relation wird uns später zur „Kraft" führen.

Eine **physikalische Relation** R ist ein Teilpack der Elementekombination aus n Packen $A_1, ..., A_n$: $R \subseteq A_1 x ... x A_n$. Sie besteht aus einer Vereinigung von Elementesammlungen $\{(a_1, ..., a_n)\}$ mit $a_i \in A_i$ (D7.3).

Wenn ein Pack die gleiche Anzahl S-Bits wie ein anderer enthält, kann er eigentlich nicht vom anderen unterschieden werden, denn S-Bits sind zwar äquivalent zu Energie oder Masse, haben aber sonst keine unterscheidenden Eigenschaften. Erst die physikalische Relation führt auf eine Möglichkeit, so ein Pack von einem anderen zu unterscheiden. Beispielsweise führt eine Elementesammlung mit Elementen aus einem geordneten und einem beliebigen Pack zu einer Relation mit unterscheidbaren Elementen. Allein der geordnete Pack ist dafür verantwortlich. Formal ausgedrückt:

Es sei ein geordneter Pack O mit $o \in O$ und ein beliebiger Pack P mit $p \in P$ gegeben. Die physikalische Relation $R \subseteq O \times P$ enthält dann Elementesammlungen $\{(o, p)\}$, die allein aufgrund der geordneten Elemente $o \in O$ **unterscheidbar** sind. Die Stellung in der Ordnung ist das, was unterscheidet.

Die Fähigkeit unterscheidbar zu sein, ist wichtig. In der Welt werden ununterscheidbare Teilchen durch ihre Koinzidenz mit Raumzeitpunkten unterscheidbar. Es ist allein die Zuordnung zu Ort und Zeit, die für die Unterscheidbarkeit sorgt. Gäbe es diese Art der Unterscheidbarkeit nicht, gäbe es auch nicht unsere Welt.

7.4 Wie Zeit ins Dasein tritt und warum sie tickt

Eines der rätselhaftesten Einrichtungen in unserem Universum ist die Zeit. Zusammen mit dem Raum lässt sich mit ihr die Dauer von Vorgängen und die Reihenfolge von Ereignissen bestimmen. Zeit ist eine Basisgröße, aus der andere physikalische Größen, wie Geschwindigkeit oder Beschleunigung abgeleitet werden. Bislang lässt sie sich nicht auf grundlegendere Phänomene zurückführen. Eines der Rätsel der Zeit ist, dass sie eine Richtung zu haben scheint, nämlich die Richtung von der Vergangenheit in die Zukunft. Das nennt man dann Zeitpfeil.

Kosmologisch gesehen kann man den Zeitpfeil am sich verändernden Universum erkennen. Dabei handelt es sich um Veränderungen, die sich nicht mehr rückgängig machen lassen, also eine Richtung haben.

Die Thermodynamik erklärt den Zeitpfeil durch die Gesetzmäßigkeit ihres zweiten Hauptsatzes, nach dem das Universum seit dem Urknall immer kälter werden muss und die Entropie (also eine Form von Information) in Zukunft zunimmt. Dieser Prozess hat eine einzige Zeitrichtung und ist nicht umkehrbar.

Zeit wird bisher über ein Verfahren zu ihrer Messung definiert. Wie könnte jetzt Zeit bezogen auf unsere minimale Struktur des Hintergrundfelds definiert werden, wenn ein Verfahren zu ihrer Messung gar nicht zur Verfügung steht? Das Einzige, was zur Verfügung steht, ist die Struktur des Hintergrundfelds, die dessen Informationszustand bedeutet. Des weiteren existieren Fluktuationen dieser Struktur.

Zeit kann nur das Maß für die Änderung des Informationszustands sein. Jeder einzelne Pack ändert durch Fluktuation seinen Informationszustand. Zeit als Maß für diese Änderung bezieht sich dann jeweils auf einen Pack. Da der Informationsgehalt, d. h. die Anzahl der S-Bits diskret ist, ist Zeit automatisch quantisiert.

So wie die Zeit hier beschrieben ist, entspricht das weitgehend dem psychologischen Eindruck von Zeit. Ob eine Zeitspanne als lang oder kurz wahrgenommen wird, hängt von den Ereignissen (Veränderung des Informationszustands) innerhalb der Zeitspanne ab. Bei vielen Ereignissen erscheint die Zeitspanne von kurzer Dauer, „die Zeit vergeht wie im Flug". Bei wenigen Ereignissen will die Zeit manchmal gar nicht vergehen.

Somit gelangen wir zu einer wichtigen Erkenntnis:

Zeit ist das Maß für die Änderung des Informationszustands eines Packs und entsteht durch Fluktuation.
(D7.4)

Wenn man die Gültigkeit von Heisenbergs Unbestimmtheitsrelation für Zeit und Energie

$$\Delta t \approx h \,/\, \Delta E \qquad (7.2)$$

voraussetzt, kann man die Dauer der erzeugten Zeit Δt infolge von Änderungen des Informationszustands eines Packs sogar ins übliche Zeitmaß umrechnen.

Dabei ist

Δt Zeitspanne, die durch Fluktuation entsteht,

h Planck-Konstante $= 6{,}626{\cdot}10^{-34}$ J·s,

ΔE von der Fluktuation betroffener Energiebetrag.

Beispiel: Es soll die Dauer der erzeugten Zeit Δt berechnet werden, die durch die Fluktuation eines Packs entsteht, das ein einziges S-Bit enthält. Als Energiebetrag eines S-Bits bei Basistemperatur (siehe Seite 46) kann man den Wert $\mathbf{e_B = 10^{-53}}$ **J/S-Bit** ansetzen. Mit

$$\Delta E = 1 \text{ S-Bit} \cdot e_B$$

ergibt die Rechnung dann

$\Delta t \approx 6{,}626{\cdot}10^{-34}$ J·s $/ 10^{-53}$ J $\approx 10^{20}$ Sekunden.

Verglichen mit dem Alter des Universums, das 10^{13} Sekunden beträgt, ist die Dauer der Fluktuation eines einzelnen S-Bits hundertmal größer. Um es poetisch auszudrücken: Einzelne S-Bits haben jede Zeit der Welt.

Nun ein Beispiel für das andere Extrem: Für ein Pack in der Größe eines Protons findet man aufgrund astronomischer Beobachtungsdaten ein Äquivalent von 10^{41} Qubits[23]. Diese werden laut den Regeln der Quantenmechanik durch eine Messung faktisch und entsprechen dann normalen Bits. Bei Basistemperatur erhält man für die Energie $\Delta E = 10^{41}{\cdot}10^{-53}$ J $= 10^{-12}$ J und für die Dauer der Fluktuation und der erzeugten Zeit $\Delta t \approx 6{,}626{\cdot}10^{-34}$ J·s $/ 10^{-12}$ J $\approx 10^{-22}$ s. Das zeigt: Je mehr Information durch eine Fluktuation verändert wird, desto schneller vergeht die Zeit, in der das geschieht.

Das Beispiel mit dem Proton führt auf folgende Frage: Wenn ein Pack in der Größenordnung eines Protons nur eine unvorstellbar kurze Zeitspanne durch Fluktuation erzeugt, wie

---

23 Görnitz, Br. & Th; (2008) S. 157

kommt es dann, dass solche Packe dennoch eine gewisse Stabilität zeigen und wesentlich länger existieren können?

Fluktuationen sind keine vereinzelt vorkommenden Ereignisse. Sie kommen in unbegrenzter Zahl vor. Das bedeutet aber nicht, dass durch die Fluktuation eines Packs in der Größenordnung von 10^{41} S-Bits, sämtliche S-Bits simultan fluktuieren. Schon das Fluktuieren eines einzelnen S-Bits innerhalb des Packs bedeutet die Fluktuation des Packs als Ganzes. Durch ein einzelnes verändertes S-Bit bleibt der Pack im Wesentlichen erhalten. Die riesige Zahl an S-Bits, die er enthält, lässt ihn lange stabil bleiben.

Dadurch, dass Zeit durch Fluktuation erzeugt wird, hat sie keinen fließenden, sondern einen diskreten, quantenhaften Charakter. Zwischen zwei Fluktuationen des gleichen Packs existiert keine Zeit. Zeit, wie wir sie empfinden, wird durch die Gesamtheit der fortwährenden Fluktuationen erzeugt. Wenn der Vergleich mit einem tickenden mechanischen Wecker erlaubt ist, dann kann man sich Zeit so vorstellen: Jedes Mal, wenn der Sekundenzeiger tickt, springt der Zeiger eine Sekunde weiter. Dann existiert einen kurzen Augenblick die angezeigte Zeit. Während der Zeiger springt, wird keine Zeit angezeigt. Zwischen zwei angezeigten Zeiten gibt es deshalb keine Zeit.

Noch etwas erklärt die durch Fluktuationen erzeugte Zeit. Für zwei unterschiedliche Packe gibt es keine Gleichzeitigkeit, denn Zeit ist immer die Eigenzeit eines Packs. Das stimmt mit Einsteins Relativitätstheorie überein und führt zu der dort beschriebenen unterschiedlichen Eigenzeit zweier Beobachter, die sich an verschiedenen Orten aufhalten.

Des weiteren beeinflusst die Anwesenheit von Massen den Ablauf der Zeit. Das lässt sich dadurch erklären, dass Masse mit Energie gleichgesetzt werden kann und diese entspricht äquivalenter Information, deren Fluktuation Zeit erzeugt. Das „Ticken" der Fluktuationen hängt, wie oben gezeigt, vom Umfang dieser Information ab.

7.5 Die Zeitfluktuationsbeziehung

Wenn die Informationsmenge eines Packs vorgegeben ist, kann man eine einfache Formel finden, nach der sich die Größe der durch Fluktuation erzeugten Zeit berechnen läßt. Diese Formel erhält man, indem man in der Heisenberg-Beziehung $\Delta t \approx h$ / ΔE die Energie ΔE durch die Menge der äquivalenten Information i (Einheit: S-Bit) bei Basistemperatur ausdrückt:

$$\Delta E = i \cdot 10^{-53} \text{ J/S-Bit} \qquad (7.3)$$

und außerdem eine neue Konstante einführt, die vom Planckschen Wirkungsquantum abgeleitet ist. Diese nenne ich Zeitfluktuationskonstante ζ (Sprich: Zeta):

$$\zeta = h \cdot 10^{53} \text{ s·S-Bit} = 6{,}626 \cdot 10^{19} \text{ s·S-Bit} \quad (7.4).$$

Die einfache Zeitfluktuationsbeziehung lautet dann:

$$\Delta t = \zeta / i \qquad (7.5).$$

Dabei ist

Δt — Zeitspanne in Sekunden s, die durch Fluktuation und Änderung des Informationszustands eines Packs entsteht,

i — Anzahl der S-Bits des Packs (Einheit: S-Bit).

Beispiel: Wie viel Zeit entsteht aus der Fluktuation eines Photons, dessen äquivalente Information einem Pack mit 10^{63} S-Bits entspricht? Die Rechnung ergibt:

$$\Delta t = \zeta / i = 6{,}626 \cdot 10^{19} \text{ s ·S-Bit} / 10^{63} \text{ S-Bit}$$
$$= 6{,}626 \cdot 10^{-44} \text{ s}.$$

Das Ergebnis liegt gerade noch oberhalb der Planck-Zeit

($5{,}6 \cdot 10^{-44}$ s). Diese gilt als der kleinstmögliche Zeitraum, für den die bekannten physikalischen Gesetze anwendbar sind. Da man davon ausgehen muss, dass bei kleineren Zeitintervallen die Zeit ihre bekannten physikalischen Eigenschaften verliert, bekommt man mit der Theorie dieser Schrift ein Instrument in die Hand, kleinere Zeiträume physikalisch abzuhandeln.

7.6 Die Distanzfluktuationsbeziehung

Seit Einsteins Relativitätstheorie ist bekannt, dass zwischen Raum und Zeit ein sehr enger Zusammenhang besteht. In den Formeln zur Raumzeit werden Zeit- und Raumkoordinaten zusammengefasst und im Wesentlichen mathematisch gleich behandelt. Deshalb muss die Frage erlaubt sein, ob man nicht geometrische Distanzen analog zur Zeitfluktuationsbeziehung behandeln kann. Gibt es eine Distanzfluktuationsbeziehung? Werden demnach Raum und Distanzen durch die Fluktuation von Packen erzeugt? Um diese Fragen zu untersuchen, kann man folgenden Ansatz machen:

$$\Delta x = \alpha \, / \, i \qquad (7.6).$$

Dabei ist

Δx Raumdistanz in Meter m, die durch Fluktuation und Änderung des Informationszustands eines Packs entsteht,

α (Sprich: Alpha) Distanzfluktuationskonstante (Einheit: m·S-Bit),

i Anzahl der S-Bits des Packs (Einheit: S-Bit).

Die Größe der Distanzfluktuationskonstanten ist zwar nicht bekannt, würde sich jedoch aus bekannten Größen berechnen lassen. Wenn man α für die maximal mögliche Raumdistanz ermitteln möchte, die zur Zeitspanne Δt gehört, bietet sich die konstante Lichtgeschwindigkeit im Vakuum $c_0 = 2{,}998 \cdot 10^8$ m/s als bekannte Größe an. Ausgehend von der Definition der Geschwindigkeit ist

$$c_0 = \Delta x \, / \, \Delta t \qquad (7.7).$$

In (7.7) setzt man die Formeln für die Zeit- und Distanzfluktuationsbeziehung (7.5) und (7.6) ein. Daraus ergibt sich folgende Gleichung:

$$c_0 = 2{,}998 \cdot 10^8 \text{ m/s} = (\alpha \, / \, i \,) \, / \, (\, \zeta \, / \, i \,) \qquad (7.8).$$

Die Auflösung führt zur **Distanzfluktuationskonstanten** für die maximal mögliche Raumdistanz, die zu einem Pack und zur Zeitspanne Δt gehört:

$$\alpha = 1{,}986 \cdot 10^{28} \text{ m·S-Bit} \qquad (7.9).$$

Als Voraussetzungen zur Berechnung dieser Konstanten sind das Plancksche Wirkungsquantum, die konstante Lichtgeschwindigkeit und die Heisenbergsche Unschärferelation mit eingeflossen. Diese zählen zum gesicherten Bestand der Physik. Wenn die indirekte Voraussetzung, nämlich die Äquivalenz von Information und Energie, ebenfalls richtig ist, muss der Beziehung (7.9) der gleiche Status zugestanden werden.

Aus der Beziehung (7.8) kann eine weitere abgeleitet werden, die weiter unten benötigt wird:

$$\Delta x = c_0 \cdot \zeta \, / \, i \qquad (7.10).$$

Beispiel: Als Beispiel wollen wir sehen, ob die Distanzfluktuationsbeziehung eine Größenordnung in Planck-Länge liefert, wenn man $i = 10^{63}$ S-Bits, also das gleiche Pack einsetzt, wie beim Berechnungsbeispiel zur Zeitfluktuationsbeziehung. Die Rechnung lautet: $\Delta x = \alpha \, / \, i = 1{,}986 \cdot 10^{28}$ m S-Bit $/ \ 10^{63}$ S-Bit $= 1{,}986 \cdot 10^{-35}$ m. Die Planck-Länge beträgt dagegen nur $1{,}616 \cdot 10^{-35}$ m. Das Ergebnis liegt wieder knapp über dem Wert, der eine Grenze für die Anwendbarkeit der bekannten physikalischen Gesetze darstellt. Um die Planck-Länge und

Planck-Zeit zu erhalten, hätte man in der Rechnung ein Pack mit $i = 1{,}229 \cdot 10^{63}$ S-Bit verwenden müssen.

Das Ergebnis kann als Anzeichen dafür gedeutet werden, dass die Distanzfluktuationsbeziehung Werte liefert, die mit anderen physikalischen Erkenntnissen im Einklang stehen.

7.7 Ursprung des Raums

Wenn, wie in den vorangegangenen Kapiteln gezeigt, Zeitspannen und Raumdistanzen durch fluktuierende Packe erzeugt werden, dann drängt sich der Gedanke auf, dass Raum und Zeit insgesamt durch Fluktuation entstehen. Die Frage ist nur: Welche Packe sind dafür zuständig? Sind es solche, die wir bereits kennen oder wenigstens experimentell nachweisen können?

Um die Fragen zu beantworten, muss zwischen der Quantenmechanik und der Theorie dieser Schrift eine Verbindung geschaffen werden. In der Quantenmechanik gilt die Welle-Teilchen-Dualität von winzigen Energie-Päckchen, den Quanten. Werden Quanten gemessen, zeigen sie je nach Experiment entweder Eigenschaften von Wellen oder von Teilchen. Allerdings hat noch niemand bei der Messung einzelner Elektronen oder einzelner Photonen eine Welle feststellen können. Auf den Beobachtungsschirmen zeigen sich immer nur einzelne helle Punkte aber keine Wellen.

Die Messergebnisse einzelner Quanten lassen sich ausschließlich als Teilchen interpretieren, aber solange es keine bessere Theorie gibt, muss die Welle-Teilchen-Dualität dennoch berücksichtigt werden. Das kann folgendermaßen geschehen: Wegen der von de Broglie stammenden Beziehung zwischen der Wellenlänge und dem Impuls (Produkt aus Masse und Geschwindigkeit) eines Teilchens wird in der Quantenmechanik jeder Quantelung der Energie eine Wellenlänge λ zugeordnet. Nach unserer Erkenntnis ist Energie äquivalent zu Information[24]. Fluktuationen erzeugen aus dieser Information Packe. Die Fluktuation eines Packs erzeugt die Raumdistanz Δx. Die Packe entsprechen der Quantelung von Energie. Die Wellenlänge λ korrespondiert dann mit der Raumdistanz Δx. Für ein Pack gilt also:

$$\lambda = \Delta x \qquad (7.11).$$

Wie wir wissen, sind es die Photonen, die maximale Raumdistanzen zurücklegen. Wenn der Pack zu dem die äquivalente Energie ΔE und die Wellenlänge $\lambda = \Delta x$ gehört, einem Photon gleicher Energie und Wellenlänge entsprechen würde, dann wäre das kein Zufall, sondern die Bestätigung dafür, dass die Photonen die maximalen Raumdistanzen auch **erzeugen**.

Zunächst muss geklärt werden, welche Energie ein Photon besitzt. In Physiklehrbüchern findet man:

$$E_{Ph} = h \cdot c_0 / \lambda.$$

Unter Verwendung von Heisenbergs Beziehung setzen wir für die äquivalente Energie ΔE eines Packs:

$$\Delta E = h / \Delta t \qquad | \text{ Erweiterung mit } i \cdot c_0$$
$$\Delta E = h \cdot i \cdot c_0 / (\Delta t \cdot i \cdot c_0)$$

Mit (7.5) folgt:

$$\Delta E = h \cdot i \cdot c_0 / (\zeta \cdot c_0)$$

Anwendung von (7.10) und (7.11) führt auf:

$$\Delta E = h \cdot c_0 / \lambda$$

Die rechte Seite der Gleichung ist aber genau die Energie eines Photons. Das bedeutet:

$$\Delta E = E_{ph}$$

Das Pack zu dem die äquivalente Energie ΔE und die

---

24 vgl. Sedlacek, *Äquivalenz von Information und Energie: Die Grundbausteine der Welt.* Norderstedt (2009) und (2017).

Wellenlänge $\lambda = \Delta x$ gehört und das durch Fluktuation die maximale Distanz Δx erzeugt, ist ein Photon mit gleicher Energie und Wellenlänge. (E1)

Das Ergebnis ist in mehrfacher Hinsicht bemerkenswert. Einmal ist es bemerkenswert, dass aus Substanzinformation bestehende Packe des kosmischen Hintergrundfelds **durch Fluktuation wohl eine Zustandsänderung durchlaufen können und zu realen Photonen werden**. Das gleicht der Paarerzeugung in Teilchenbeschleunigern, wo Teilchenpaare aus reiner Energie entstehen (vgl. Seite 41).

Zum anderen ist es bemerkenswert, dass der Bezug zu konkreten Photonen, Zeit und Raumdistanzen die Theorie erhärtet, dass Fluktuation der Packe Zeitspannen und Distanzen erzeugen.

Als Metrik bezeichnet man eine Funktion, die je zwei Elementen eines Raums einen Zahlenwert zuordnet, der als Abstand der beiden Elemente voneinander aufgefasst werden kann. Die Distanzbeziehung (7.6) ist so eine Funktion, die eine Metrik zwischen zwei Raumpunkten begründet. Zusammen mit dem oben Gesagten folgt daraus:

Photonen erzeugen die Metrik von Raum und Zeit. (E2)

Wie aber entsteht dieser Raum, in dem es zur Ausbildung der Metrik durch Photonen kommt? Vor der Beantwortung muss erst geklärt werden, was einen physikalischen Raum charakterisiert.

Ein physikalischer Raum muss wenigstens die Unterscheidung von Objekten zulassen. Ist ein Zahlenwert, der als Abstand aufgefasst werden kann, die einzige Möglichkeit zwei Objekte zu unterscheiden oder gibt es eine andere?

Wählt man im Raum einen beliebigen Bezugspunkt aus, dann muss man sagen können, was näher am Bezugspunkt liegt und was weiter entfernt. Dazu braucht es jedoch keinen Zahlenwert. Es muss vielmehr eine Ordnung geben, die bezogen auf den Bezugspunkt die Reihenfolge der Objekte darstellt. Diese Ordnung muss bereits existieren, bevor es möglich ist, Distanzwerte zuzuordnen. Die Ordnung seiner Elemente ist deshalb das Primäre, das einen physikalischen Raum ausmacht.

Wenn alles, was möglich ist, aus einem physikalischen Raum entfernt wurde, enthält dieser immer noch Felder. Es gibt keinen leeren Raum. Da Raum eine Struktur im Hintergrundfeld sein muss, ist es sinnvoll, Raum selbst als ein physikalisches Feld aufzufassen.

Photonen bringen die Metrik in den Raum, der bereits existieren muss. Nichts weist jedoch darauf hin, dass die Photonen eine bestimmte Anzahl an Dimensionen benötigen. Wie nun Dimensionen in einen Raum kommen, soll am Ende des Kapitels kurz erklärt werden. Zunächst möchte ich nur einen physikalischen Raum definieren, der weder eine bestimmte Anzahl Dimensionen noch eine Metrik als Voraussetzung für seine Existenz (vgl. Kapitel 7.2) benötigt:

Ein physikalischer Raum ist ein Feld, dessen Struktur die Unterscheidung seiner Elemente durch eine Ordnung erlaubt (D7.5).

Der von mir in früheren Veröffentlichungen[25] verwendete Begriff „metrikfreies Vakuum" ist äquivalent zu dieser Definition D7.5, denn zum physikalischen Raum gehört keine Metrik. Die kommt erst durch die Elementekombination mit fluktuierenden Photonen-Packen hinzu (siehe S.64 und Erklärung weiter unten). Wie Ordnung im Hintergrundfeld, wie Relationen und Elementekombinationen entstehen, wurde im Kapitel 7.3 besprochen.

---

25 Sedlacek (2008), S. 60 ff. und (2009), S. 50 ff.

Die Einstein'sche Raumzeit wird sich allerdings nicht aus einem einzelnen Photon herauskristallisieren, sondern aus einer Gesamtheit. Die Verhältnisse sind vergleichbar mit einem einzelnen Wassermolekül und einem Ozean. Das einzelne Wassermolekül kann keinen Ozean hervorströmen lassen. Dafür ist die Gesamtheit aller Moleküle zuständig.

Wenn die auftretenden Zeitspannen und Distanzen der fluktuierenden Packe keine isolierten Inseln im Nichts sind, wenn es also eine zusammenhängende Wirklichkeit gibt, dann liegt das am Raumfeld, das im kosmischen Hintergrundfeld eingebettet ist.

Eine Analogie kann dazu eine hilfreiche Vorstellung liefern. Jeder kennt die in Zeitungen abgedruckten Fotografien. Mit der Lupe betrachtet, besteht so ein Foto aus vielen kleinen, häufig isolierten Druckpunkten. Die Druckpunkte entsprechen kleinen Zeitspannen oder Raumdistanzen. Erst die Gesamtheit aller Punkte erzeugt den Eindruck des Bildes oder in Übertragung der Analogie, den Eindruck von Raum und Zeit.

Das Prinzip, dass das Ganze mehr ist, als die Summe seiner Teile, nennt man **Emergenz**. Bezogen auf den Raum kann man dann formulieren:

Raumzeit als physikalisches Kontinuum entsteht durch Emergenz aus einem Feld geordneter Packe, die durch Fluktuation eine Zustandsänderung durchlaufen und zu Photonen werden.   (E3)

Der Begriff „Zustandsänderung" macht nur für einen Beobachter innerhalb des Raum-Felds (D7.5) Sinn. Wäre es möglich, einen weiteren Beobachter im Hintergrundfeld außerhalb des Raum-Felds anzusiedeln, würde dieser nur sehen, dass durch Fluktuation eine Relation (vgl. Kapitel 7.3) zwischen einem Photonen-Pack und dem Raum-Feld geschaffen wird. Das wäre der Moment, ab dem das Photon für den Beobachter innerhalb des Raum-Felds in Erscheinung tritt. Es ist gar keine Zustandsänderung erfolgt, sondern nur eine Beziehung geknüpft worden.

Auch wenn uns Raum und Zeit wie eine zusammenhängende Wirklichkeit erscheint, sind Zeitwerte und Distanzen immer nur gültig für den jeweiligen Pack, der sie verursacht hat. Es gibt keine für alle Bezugselemente in gleicher Weise gültige Zeit oder Distanz. Das steht im Einklang mit der Einstein'schen Relativitätstheorie.

Wie können aus dem Hintergrundfeld heraus Raumzeitdimensionen entstehen? Bekanntlich gibt es in unserem Universum mindestens vier Dimensionen, nämlich drei Raum- und eine Zeitdimension.

Vier Raumzeitdimensionen sind nichts anderes als die Elementekombination (vgl. Kapitel 7.3) von vier geordneten Packen. Durch eine geeignete Relation stehen diese in Beziehung mit einem physikalischen Raum (D7.5). Dass solche Relationen tatsächlich zustande kommen, wurde im Kapitel 7.2 diskutiert. Wie schon erwähnt, kommt die Metrik dann hinzu, wenn bei bereits existierendem Raum zwischen einem Photonen-Pack und dem Raum eine Beziehung geknüpft wird (vgl. S. 64).

7.8 Massenfluktuationsbeziehung und einheitliche Kraftfelder

Die Methode, die beim Ansatz einer Distanzfluktuationsbeziehung (vgl. S. 60) zum Erfolg führte, kann auch für Massen oder Kräfte angewendet werden.

Information ist proportional zu Energie, diese wiederum proportional zur Masse. Deshalb muss Masse m auch proportional zur Information i sein. Mit der Proportionalitätskonstanten μ lautet der Ansatz für eine Massenfluktuations-beziehung:

$$\Delta m = \mu \cdot i \qquad (7.12)$$

Δm Masse in kg, die durch Fluktuation eines Packs entsteht oder sich verändert,

μ (Sprich: Mü) Massenfluktuationskonstante (Einheit: kg/S-Bit),

i Anzahl der S-Bits des Packs (Einheit: S-Bit).

Unter Verwendung der Heisenberg'schen Unbestimmt-heitsrelation, der Einstein'schen Beziehung zwischen Energie und Masse und der Zeitfluktuationsbeziehung (7.5), erhält man für μ:

$$\mu = h / (\zeta \cdot c_o{}^2) = 1{,}113 \cdot 10^{-70} \text{ kg/S-Bit} \qquad (7.13)$$

Beispiel 1: Wie viel S-Bit sind äquivalent zur Masse eines Kilogramms? Die Auflösung von (7.12) nach i ergibt: $i = \Delta m/\mu$. Nach dem Einsetzen der Zahlenwerte erhält man: $i = 8{,}8988 \cdot 10^{69}$ S-Bit.

Beispiel 2: Wie viel S-Bit sind äquivalent zur Masse der Erde? Die Masse der Erde beträgt $M = 5{,}974 \cdot 10^{24}$ kg. Daraus folgt $i = 5{,}316 \cdot 10^{94}$ S-Bit.

Basisgrößen wie Länge, Zeit und jetzt auch Masse sind auf Information zurückgeführt worden. Es wird sicher auch möglich sein, die weiteren vier Basisgrößen der Physik – Temperatur, elektrische Stromstärke, Stoffmenge und Lichtstärke – auf Information zurückzuführen. Ein riesiges Forschungsfeld tut sich dadurch auf. Im begrenzten Rahmen dieser Schrift kann leider nicht jeder interessante Aspekt verfolgt werden. Eine weitere Frage möchte ich dennoch herausgreifen. Mit welcher Beziehung lässt sich die Größe der Kräfte in Feldern be-stimmen, unabhängig davon, ob es sich um Gravitationsfelder, elektrische Felder oder sonstige Felder handelt?

In der Physik wird die Fähigkeit etwas zu bewirken als Kraft bezeichnet. Im Zusammenhang mit den vier Grundkräften – starke Wechselwirkung, elektromagnetische Wechselwirkung, schwache Wechselwirkung und Gravitation – ist der Begriff Wechselwirkung gleichbedeutend mit dem der Kraft.

Der Hintergrund für die Kräfte in Feldern ist die physikalische Relation, denn die erzeugt eine Wirkung zwischen verschiedenen Packen. Das hängt mit der Kombination unterschiedlicher Packe in einer Relation zusammen. Fluktuiert ein Pack, wirkt sich das auf andere Packe der beteiligten Elementekombination aus. Dieser Zusammenhang existiert **außerhalb** der Begrenzungen der Raumzeit und kann auch die rätselhafte nichtlokale Wechselwirkung[26] zwischen verschränkten Photonen erklären. Andererseits kann die Quantenverschränkung als Bestätigung für die hier dargelegte Theorie gewertet werden.

Wenn es zur konkreten Bestimmung von Kräften in Feldern eine einheitliche Formel gäbe, die die Informationsmenge als Parameter enthält, dann wäre das eine weitere Bestätigung dafür, dass sich Kräfte und die zugehörigen Felder auf Felder und Relationen des Hintergrundfelds zurückführen lassen.

So eine einheitliche Formel für die Kraft F zwischen zwei beliebigen Packen, deren äquivalente Manifestationen innerhalb der Raumzeit als punktförmig gedacht werden und die sich entweder anziehen oder abstoßen, soll nun versuchsweise angesetzt werden:

$$F = \kappa_1 \cdot i_1 \cdot \kappa_2 \cdot i_2 / r^2 \qquad (7.14).$$

κ_f (sprich: Kappa) Feldkonstante des Kraftfelds (f = 1, 2), Einheit: $\sqrt{N} \cdot m\,/\,$S-Bit,

i   Anzahl der S-Bits des feldverursachenden Packs (Einheit: S-Bit),

---

26 Zeilinger (2007)

r   Abstand innerhalb der Raumzeit zwischen den äquivalenten Manifestationen der beiden Packe.

Durch Einsetzen bekannter Werte und Auflösung nach κ_f kann die Feldkonstante des jeweiligen Kraftfelds ermittelt werden. Für das Gravitationsfeld ergibt sich so:

$$\kappa_G = 9{,}173 \cdot 10^{-76} \sqrt{N} \cdot m / S\text{-Bit}.$$

Und für das elektrische Feld erhält man:

$$\kappa_Q = 1{,}8536 \; 10^{-54} \sqrt{N} \cdot m / S\text{-Bit}.$$

Beispiel 1: Welche Kraft wirkt im Gravitationsfeld der Erde in Höhe der Erdoberfläche auf die Masse von einem Kilogramm? Der mittlere Erdradius ist $R = 6{,}371 \cdot 10^{6}$ m. Zusammen mit den Ergebnissen aus den Beispielen zu (7.12) ergibt die Rechnung $F = 9{,}81$ N. Das ist der bekannte Wert.

Beispiel 2: In diesem Beispiel soll die abstoßende Kraft zwischen zwei freien Elektronen im elektrischen Feld ermittelt werden, die $0{,}001$ m voneinander entfernt sind. Die Ruhemasse des Elektrons ist $m_e = 9{,}109 \cdot 10^{-31}$ kg. Die äquivalente Information beträgt dann $i_e = 8{,}184 \cdot 10^{39}$ S-Bit und das Ergebnis ist $F = 2{,}307 \cdot 10^{-22}$ N. Das ist der gleich Wert, der auch mit dem Coulombschen Gesetz ermittelt werden kann.

Die Ergebnisse zeigen:

Die Verhältnisse in zwei verschiedenartigen Feldern, nämlich im Gravitationsfeld und im elektrischen Feld lassen sich einheitlich beschreiben.

Es muss selbstverständlich überprüft werden, ob mit dem Ansatz (7.14) andere Felder ebenso erfolgreich beschrieben und womöglich neue Erkenntnisse gewonnen werden können. Die Überprüfung sei aber dem Leser überlassen.

Es darf auch nicht vergessen werden, dass die mathematische Beschreibung in allgemeineren Fällen komplizierter wird. Das gilt insbesondere, wenn man, wie in der theoretischen Physik, das Verhalten von Feldern mit Lagrange-Dichten beschreibt.

Eine Erkenntnis scheint mir auf jeden Fall sicher: Der Weg zur Vereinheitlichung von Feldern und sonstigen physikalischen Größen führt über die äquivalente Information im Hintergrundfeld.

7.9 Die Evolution der Strukturen

Mit Evolution wird eine langsame, kontinuierlich fortschreitende Entwicklung bezeichnet. In der Biologie ist Evolution die stammesgeschichtliche Entwicklung der Organismen, beginnend mit den ersten auftretenden Lebewesen bis hin zu den hoch entwickelten Arten und dem Menschen. In der Kosmologie wird der Begriff „kosmologische Evolution" für die Expansion und Entwicklung des Weltalls verwendet, die mit dem Urknall vor etwa 13,7 Milliarden Jahren begann.

Das Erstaunliche an der biologischen Evolution ist die relative Einfachheit der erkennbaren Steuerungsmechanismen bzw. Prozesse. Die in Genen codierten, vererbbaren Merkmale einer Population verändern sich durch den evolutionären Prozess von Generation zu Generation. Dieser Prozess lässt sich auf lediglich drei Prinzipien zurückführen, die iterativ immer wieder durchlaufen werden: Mutation, Rekombination und Selektion.

- Durch **Mutationen** entstehen unterschiedliche Varianten der Erbinformation, die veränderte oder neue Merkmale verursachen können. Das ist ein ungerichteter Zufallsprozess, der Alternativen und Varianten des Vorhandenen erzeugt.

- Die **Rekombination** lässt die nächste Generation an Individuen entstehen, indem sie aus den Merkmalen zweier erfolgreicher Individuen der Population neue Kopplungen nach dem Zufallsprinzip bildet.

• Die **Selektion** bewertet die Ergebnisse der Rekombination anhand aktueller Umweltbedingungen. Der Prozess bekommt dadurch eine Zielrichtung, dass jene Individuen, deren Merkmale weniger vorteilhaft bezogen auf die Umweltbedingungen sind, geringere Überlebenschancen haben. Das führt zur positiven Selektion der Individuen mit den geeigneteren Merkmalen.

In der Biologie ist der evolutionäre Prozess weitgehend verstanden. Die Frage, die uns interessiert, ist die, ob nach unserem bisherigen Wissen, der Prozess der kosmologischen Evolution genauso verstanden werden kann?

Sollten die drei Prinzipien Mutation, Rekombination und Selektion bereits im kosmologischen Hintergrundfeld existieren, wäre das nicht nur eine tiefere Begründung für die biologische Evolution, sondern würde auch die kosmologische Evolution und den rätselhaften Zeitpfeil erklären.

Ganz offensichtlich wird das Prinzip der Mutation im Hintergrundfeld durch die Fluktuation der Packe realisiert, denn Mutation bedeutet, dass Neues entsteht und Fluktation lässt Neues entstehen. Dem Genom und der darin kodierten Erbinformation entspricht der Pack mit den darin enthaltenen Elementen, die in der untersten Ebene aus S-Bits, also Information bestehen. Die Veränderung durch Fluktuation ist genauso wie Mutation ein reiner Zufallsprozess.

Für die Rekombination gibt es im Hintergrundfeld ebenfalls passende Strukturen. Das sind die physikalischen Relationen, deren Elementesammlung durch den Zufallsprozess der Fluktuation rekombiniert wird.

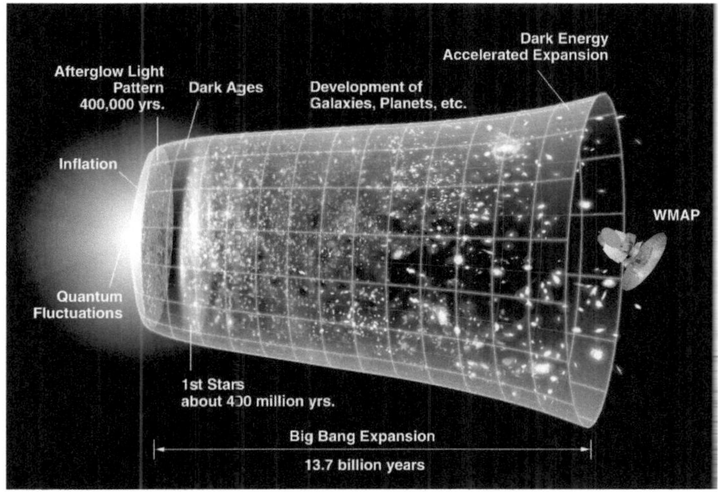

Abb. 2: Kosmologische Evolution. (c) NASA

Die entscheidende Frage konzentriert sich auf die Selektion. Welcher Prozess im Hintergrundfeld entspricht dem Prinzip der Selektion? Und: Was sind die Umweltbedingungen? Wer gibt die Zielrichtung vor?

Wenn ich für die letzte Frage als Antwort eine „höhere Macht", einen von „außen" kommenden Einfluss oder abstrakte Feldgrößen zulassen würde, dann wäre die Theorie erledigt, denn **auf irrationalem Boden können keine rationalen Erklärungen gedeihen.**

Die Erklärung für die Zielrichtung einer Selektion muss im Hintergrundfeld selbst und in seinen Prozessen gesucht werden. Selbstbezüglichkeit ist keineswegs per se ausgeschlossen oder problematisch, sondern nur dann, wenn sie auf Widersprüche stößt. Selbstbezüglichkeit ist insbesondere ein charakteristisches Merkmal lebender Systeme oder solcher Systeme, die abgeschlossen sind gegenüber einem wie auch immer gearteten

Äußeren.

Das kosmologische Hintergrundfeld ist die fundamentale physikalische Wirklichkeit, aus der alles Andere entsteht. Deshalb ist Selbstbezüglichkeit sogar ein charakteristisches Merkmal dieser Wirklichkeit. Das erklärt, warum die „Umweltbedingungen" keine von außen kommenden Bedingungen sein können, sondern nur solche, die innerhalb des Hintergrundfelds vorgefunden werden.

Jetzt müssen wir nur noch wissen, welche Strukturen „günstig" in unserem Universum sind und welche nicht. Das lässt Rückschlüsse auf das Hintergrundfeld zu.

Als günstig kann man alle physikalischen Relationen ansehen, die mit den vier Grundkräften der Physik (starke Wechselwirkung, elektromagnetische Wechselwirkung, schwache Wechselwirkung, Gravitation) zusammenhängen, denn diesen liegen alle bekannten physikalischen Phänomene der Natur zugrunde. Hinter den Grundkräften müssen riesige Relationen-Netzwerke stehen.

Erhalt und Fortentwicklung einer Relation sind durch die Verbindung zu einem der vier großen Netzwerkstrukturen gesichert. Existieren nur wenige Verbindungen, können Fluktuationen diese leicht auflösen. Andererseits bedeuten viele und komplexe Verbindungen, dass die Struktur stabil ist.

Fluktuationen, die zu unverträglichen Änderungen einer Relation führen, bedeuten deren Isolierung. Das ist praktisch das Ende seiner Struktur, denn notwendige Funktionen, die vorher vom Netzwerk beigesteuert wurden, fehlen nun.

In der Biologie kennt man entsprechende Strukturen. Als nicht codierende Desoxyribonukleinsäure (auch: **Junk DNA**) werden diejenigen Teile der Desoxyribonukleinsäure (DNA) bezeichnet, die nicht für Proteine codieren. In Analogie zur

Biologie können wir eine unverträgliche Relation als **Junk Relation** bezeichnen.

Fluktuation der Packe und deren Rekombination bekommen gemessen an der Verträglichkeit mit jenen Strukturen, die zu den Grundkräften gehören, eine Zielrichtung. Das ist die Antwort auf die Frage nach der Selektion und wer die Zielrichtung vorgibt: Das Hintergrundfeld ist selbstorganisierend. Es entwickelt selbst eine Zielrichtung, indem es unter der Maßgabe der jeweiligen Verträglichkeit selektiert. Damit unterliegt die Zielrichtung gleichfalls dem evolutionären Prozess, denn auf die beschriebene Weise können zuerst einfachere und dann immer komplexere Grundkräfte entstehen. Was nicht zusammenpasst „verschwindet" in der Isolation, es wird ausselektiert. Damit gilt: **Die kosmologische Evolution folgt den gleichen Steuerungsmechanismen wie die biologische.**

8 Resümee

Zu welcher Erkenntnis sind wir gekommen? Wir haben gesehen, dass im Hintergrundfeld alles enthalten ist, was zur kosmologischen Evolution führt. Dieses Hintergrundfeld und seine Manifestationen sind alles was existiert. Die notwendigen Bedingungen für unser Universum lauten in Kurzform:

1. Fluktuationen, die zufällige Veränderungen mit sich bringen und S-Bits, also eine Art Ursubstanz, entstehen lassen.

2. Die Möglichkeit, S-Bits in geschachtelten Packen zusammenzufassen.

Praktisch aus nichts entstehen dann immer komplexere Strukturen und sogar Zeit und Raum. Das ganze System ist selbstorganisierend und folgt einem Steuerungsmechanismus, der "kosmologische Evolution" heißt und der ähnlich abläuft wie die biologische Evolution. Die im Hintergrundfeld vereinten Bedingungen sind hinreichend für unser Universum.

Ein im physikalischen Sinn für unser Universum notwendiges und hinreichendes Hintergrundfeld ist keine abstrakte Vorstellung des Geistes, sondern existiert real. Man darf es mit voller Berechtigung **kosmologisches Hintergrundfeld** nennen.

Unter anderem konnte gezeigt werden, dass der Pack zu dem die äquivalente Energie ΔE und die Wellenlänge $\lambda = \Delta x$ gehört und der durch Fluktuation die maximale Distanz Δx erzeugt, ein Photon mit gleicher Energie und Wellenlänge ist.

Das bedeutet:

- **Photonen entstehen aus** Informations-**Packen infolge einer Zustandsänderung** und

- **Photonen erzeugen dann die Metrik von Raum und Zeit.**

Bei den Informations-Packen handelt es sich eine Informationsart, die äquivalent zu Energie ist. Diese Informationsart habe ich als Substanzinformation bezeichnet. Keinesfalls kann unser Universum aus „abstrakter Information" entstanden sein, denn diese Informationsart ist nur eine Eigenschaft, die zu ihrer Existenz einen substanziellen Träger benötigt.

Um den zahlreichen Spuren neuer Erkenntnisse zu folgen, die in diesem Büchlein gelegt wurden, bedarf es noch großer und gemeinschaftlicher Forschungsanstrengungen. Deshalb möchte ich nur vorläufig abschließend formulieren:

Das Wirken des einen einzigen kosmologischen Hintergrundfelds lässt das Universum entstehen und verleiht ihm Struktur, Energie, Licht und Materie. Diese Supervereinigung aller grundlegenden Wechselwirkungen beruht auf substanzieller Information als Grundbaustein und lässt Materie, Raumzeit und Kraft zu einem Kontinuum verschmelzen. Die Gesamtheit der Natur unterliegt seinem Wirken. Aus ihm entsteht das schöpferische Prinzip, das sich in der Evolution des Universums und der Lebewesen zeigt.

9 Literatur.

Blome, Hans-Joachim u. Zaun, Harald: *Der Urknall – Anfang und Zukunft des Universums*, München (2. aktualisierte Auflage 2007)

Einstein, A.: *Über die spezielle und die allgemeine Relativitätstheorie*, Vieweg+Sohn, Braunschweig (1973)

Feynman, Richard : *Vorlesungen über Physik, Band II*, Oldenburg (2007), Kap. 15-4.

Froböse, Rolf: *Der Lebenscode des Universums*, Lotos (2009)

Genz, Henning: *Die Entdeckung des Nichts. Leere und Fülle im Universum*, Hanser, München/Wien (1994)

Görnitz, Th. Graudenz, D., Weizsäcker, C.F.v.: *Quantum Field Theory of Binary Alternatives*, Intern. J. Theoret. Phys. 31 (1992) 1929-1959

Görnitz, B & Th.: *Der kreative Kosmos – Geist und Materie aus Quanteninformation*, Spektrum, Heidelberg (2007)

Görnitz, B & Th.: *Die Evolution des Geistigen: Quantenphysik, Bewusstsein, Religion;* Göttingen (2008), S. 157

Goswami, Amit: *Die schöpferische Evolution. Zwischen Gottesglaube und Darwinismus*, Lüchow, Stuttgart (2009), S. 31 f.

Hawking, S. W.: *Particle creation by black holes*, Comm. Math. Phys. 43 (1975) 199-220

Heisenberg, Werner: *Quantentheorie und Philosophie*, Reclam, Stuttgart (2008), S. 43

Hey, Tony u. Walters, Patrick: *Das Quantenuniversum*, Spektrum (1998)

Kanitscheider, Bernulf: *Kosmologie*, Reclam (1991)

Sedlacek, Klaus-Dieter: *Äquivalenz von Information und Energie. Auf der Suche nach den Grundbausteinen der Welt*, Norderstedt (2009)

Sedlacek, Klaus-Dieter: *Unsterbliches Bewusstsein. Raumzeit-Phänomene, Beweise und Visionen*, Norderstedt (2008)

Tipler, Paul A. und Mosca, Gene: *Physik für Wissenschaftler und Ingenieure*, 6. Auflage, Spektrum (2009)

Zeilinger, Anton: *Einsteins Spuk: Teleportation und weitere Mysterien der Quantenphysik*, Goldmann, München (2007)

10 Index.

Wie intelligent sind Pflanzen?

In diesem Buch behandeln die Autoren Fragen zum Thema Intelligenz und Bewusstsein bei Pflanzen und geben Antworten. Der Biologe Prof. Dr. phil. Adolf Wagner hat neben weiteren Biologen seiner Wirkungszeit schon früher grundlegende Erkenntnisse über die Intelligenz der Pflanzen veröffentlicht, und das in gemeinverständlicher Form. Seine Erkenntnisse sind hier in den Kontext der aktuellen Forschung eingebunden. Die zahlreichen Abbildungen gestatten dem Leser, tief gehende Einblicke in die geheimnisvolle Wesensseite der Pflanzen zu nehmen. Ein eigenes Kapitel mit den aktuellen Ergebnissen der Bewusstseinsforschung beantwortet die Frage, ob Pflanzen eine Art Bewusstsein haben. Insgesamt ist ein aktuelles Werk entstanden, das eine der spannendsten Fragen unserer Zeit nicht nur berührt, sondern auch Antworten gibt.

Bibliographische Angaben:
Buchtitel: Wie intelligent sind Pflanzen?: Sensationelle Einblicke in die geheime Seite des pflanzlichen Wesens
Autor(en): Adolf Wagner; Klaus-Dieter Sedlacek
Taschenbuch: 224 Seiten
Verlag: Books on Demand
ISBN 978-3-7412-7941-6
Ebook: ISBN 978-3-7431-8430-5

NATURWISSENSCHAFT, PHYSIK UND ASTRONOMIE

– **Äquivalenz von Information und Energie.** Von: K.-D. Sedlacek.

– **Das Gesetz im Zufall:** Wie sich verborgene Gesetzlichkeit manifestiert. Von: Moritz Cantor u. K.-D. Sedlacek (Hrsg.).

– **Der Widerhall des Urknalls:** Spuren einer allumfassenden transzendenten Realität jenseits von Raum und Zeit. Von: K.-D. Sedlacek.

– **Einsteins Relativitätstheorie ganz ohne Mathematik.** Spezielle und allgemeine Relativitätstheorie. Von: Prof. Dr. Paul Kirchberger u. K.-D. Sedlacek (Hrsg.).

– **Freizeitvergnügen Sternenhimmel mit bloßem Auge:** Wie man Sternbilder auffindet ohne Instrumente. Von: Prof. Dr. Paul Kirchberger u. K.-D. Sedlacek (Hrsg.).

– **Phänomen Naturgesetze:** Das Geheimnis hinter den Erscheinungen der Welt. Von: K.-D. Sedlacek.

– **Supervereinigung:** Wie aus nichts alles entsteht. Von: K.-D. Sedlacek.

– **Die Natur psycho-physikalischer Phänomene.** Erforschung telekinetischer Vorgänge. Von: Schrenck-Notzing, A. u. Klaus D Sedlacek (Hrsg.).

– **Giganten der Physik.** Die Top10-Physiker der Menschheitsgeschichte. Von: Klaus-Dieter Sedlacek (Hrsg.).

CHEMIE

– **Der Stein der Weisen:** Wie die Alchemie zur Chemie wurde. Von: Wilhelm Ostwald et. al. u. K.-D. Sedlacek (Hrsg.).

– **Durchblick Chemie:** Praktische Grundlagen und Einführung in die anorganische, organische und Biochemie. Von: Prof. Dr. Lassar-Cohn, Prof. Dr. W. Löb, K.-D. Sedlacek.

NATUR- UND PHILOSOPHIE

– **Die letzten Ursachen.** Das Buch der Naturerkenntnis. Von: K.-D. Sedlacek.

– **Gebundener Wille:** Wie frei ist menschlicher Wille tatsächlich? Von: K.-D. Sedlacek, G.F. Lipps et. al.

– **Jenseits der Erscheinungen:** Erkennbarkeit und Realität der Quantennatur. Von: Prof. Dr. M. Schlick u. K.-D. Sedlacek (Hrsg.).

– **Kleines Wörterbuch der Natur-Philosophie:** 1200 Begriffe, die man kennen sollte, kurz und prägnant. Von: K.-D. Sedlacek.

– **Naturphilosophie:** Das Wesen von Naturgesetzen und die Erklärung des Lebens. Von: Prof. Dr. M. Schlick u. K.-D. Sedlacek (Hrsg.).

– **Vereinbarkeit von Religion und Naturwissenschaft.** Von: Kurd Laßwitz u. K.-D. Sedlacek (Hrsg.).

– **Das Konzept des Guten.** Sinnliches Empfinden – Der Ursprung unserer Wertvorstellungen. Von: Klaus-Dieter Sedlacek (Hrsg.)

– Ist echte Erkenntnis möglich?
Einführung in die Erkenntnistheorie.
Von: Prof. Dr. Erich Becher u. K.-D.
Sedlacek (Hrsg.).
– Das individuelle Ich: Was ist der
Kern des Selbstbewusstseins? Von: Th.
Lipps u. K.-D. Sedlacek (Hrsg.).

BEWUSSTSEIN

– Leben nach dem Leben:
Befreiung des Bewusstseins von den
Fesseln der Zeit. Von: K.-D. Sedlacek.
– Quantenbewusstsein. Von: N.
Wrobel u. K.-D. Sedlacek.
– Synthetisches Bewusstsein.
Von: K.-D. Sedlacek.
– Unsterbliches Bewusstsein:
Raumzeit-Phänomene, Beweise und
Visionen. Von: K.-D. Sedlacek.

LEBEN UND MEDIZIN

– Leben aus Quantenstaub. Von:
N. Wrobel u. K.-D. Sedlacek.
– Was ist Krankheit? Von: N.
Wrobel u. K.-D. Sedlacek.
**– Bewusstsein und
Unsterblichkeit.** Von: C. L. Schleich u.
K.-D. Sedlacek (Hrsg.).
– Die Lebenskraft: Wie Enzyme,
Bewusstsein und quantenbiologische
Effekte das Leben regulieren. Von: K.-
D. Sedlacek u. N. Wrobel.
**– Die verborgene Ordnung des
Weltsystems.** Neue Erkenntnisse über
die schöpferischen Kräfte der Natur.
Von: Dr. h. c. Raoul Francé u. K.-D.
Sedlacek (Hrsg.).

PSYCHOLOGIE

– Gestalt-Psychologie: Einführung
in die neue Psychologie vom Begründer
der Gestaltpsychologie. Von: Prof. Dr.
Kurt Koffka u. K.-D. Sedlacek (Hrsg.).
**– Die ersten Spuren psychischer
Erscheinungen:** Das psychische
Leben von Mikroorganismen – Eine
Studie in experimenteller Psychologie.
Von Alfred Binet u. K.-D. Sedlacek
(Übers.)

BIOLOGIE

– Wie intelligent sind Pflanzen?
Sensationelle Einblicke in die geheime
Seite des pflanzlichen Wesens. Von:
Prof. Dr. phil. Adolf Wagner u. K.-D.
Sedlacek.